河北省社会科学基金项目（HB19SH019）：健康视角下的极小居住模式研究

基于模块化理论的微型居住空间功能模块优化设计策略

舒 平 任登军 李德新 舒瑞桓 著

天津大学出版社
TIANJIN UNIVERSITY PRESS

图书在版编目(CIP)数据

基于模块化理论的微型居住空间功能模块优化设计策略 / 舒平等著. 天津 : 天津大学出版社, 2024. 6. --

ISBN 978-7-5618-7746-3

Ⅰ. TU241

中国国家版本馆CIP数据核字第2024XL4300号

JIYU MOKUAIHUA LILUN DE WEIXING JUZHU KONGJIAN GONGNENG MOKUAI YOUHUA SHEJI CELÜE

出版发行	天津大学出版社
地　　址	天津市卫津路92号天津大学内（邮编：300072）
电　　话	发行部：022-27403647
网　　址	www.tjupress.com.cn
印　　刷	廊坊市瑞德印刷有限公司
经　　销	全国各地新华书店
开　　本	787mm×1092mm　1/16
印　　张	9.25
字　　数	197千
版　　次	2024年6月第1版
印　　次	2024年6月第1次
定　　价	88.00元

目录
CONTENTS

第一章　绪论

1.1　研究背景

1.1.1　微型居住空间——解决大城市住房突出问题的新视角

当前，我国城镇化率超过 60%，已步入城镇化快速高质量发展期，城市发展由大规模增量建设转为存量提质改造和增量结构调整并重的新局面，而以“城市更新”为核心的解决大城市住房问题的民生工程之一，成为社会各界关注的重点与热点。大城市住房突出问题主要体现在新市民、新青年，特别是基本服务人员等群体的住房需求难以满足；租赁市场供应结构不合理；市场秩序不规范；租赁住房性能品质不佳、精细化设计不充分等方面。在此背景下，2020 年 12 月，中央经济工作会议特别提出要“解决好大城市住房突出问题”，在人口净流入的大城市重点发展政策性租赁式住房，重视新市民、新青年特别是基本服务人员等群体的住房困难问题。

本书提出了微型居住空间的概念，试图探讨一种住宅单元小巧适宜、居住性能健康宜居，与邻里公共空间分时共享、弹性单元按需复合利用的新型住区居住模式与模块化居住空间体系，对顺应互联网时代新生活方式、拓展居住空间概念内涵、营造大城市新型居住空间体系具有重要的理论意义和社会价值。微型居住空间作为大城市建设中低成本、高品质的住宅，为解决新市民、新青年等群体的住房困难，提高租赁住宅品质，完善租赁市场供给环境等方面提供新的视角：通过对居住者生活方式的研究以及对住宅空间功能面积的重新划分，最终达到适度减小户内面积且保证住户居住基本舒适度的目的；通过研究居住者行为和房间使用概率，对高能耗空间进行重新布置，挖掘住宅节能潜力；通过对装配式模块化相关理论的探索，推进微型居住空间从设计到建造一体化发展。

1.1.2　模块化设计与生产——促进住宅工业化建造的新尝试

随着城市化快速发展，我国住宅建设产业在政府的积极引导和支持下，其传统落后的状态正朝着快速先进的新型生产建造方式转变。装配式住宅与建筑工业化发展得到了大力推进，相关设计者对设计与建造的理论、方法有了更深刻的认识，其技术呈现多样化发展态势，并且涌现出不少探索性实践，但仍存在新型建筑设计与建造理论方法及其建筑通用体系不完善、装配式部品部件产业化水平落后和全产业链能力低下等一系列阻碍发展的现实问题。在住宅高质量发展时期，如何依据新型建造技术和设计手段，从设计、生产、运输、施工到装修、维护管理一体化、智能化等各阶段，利用可拆卸的构件、模块等大幅度延长住宅使用寿命，通过良好的工业生产链为个人及社会创造长久的经济效益，是实现未来工业化住宅高品质发展目标亟待解决的关键性问题。

模块化设计最早应用在工业制造、经济管理等领域，作为简化复杂工业制品的生产手段而出现，用以解决“整体”与“部分”组织分工，工业制品大规模生产等问题。1923 年，勒·柯布西耶（Le Corbusier）在《走向新建筑》一书中详细介绍了飞机、汽车制造业相关技术的设计标准性与生产快速化，倡导建筑从业人员应多向制造产业工程师学习。随着大规模定制设计与模块化生产技术在制造领域快速发展，其设计与生产方法引领装配式住宅领域实现个性化设计、预制生产的新模式。模块化设计能够将复杂的住宅整体进行分解，使其成为相对简单的空间单元，通过对每一个单元进行标准化、精细化设计，最终实现住宅快速建造与内部空间灵活性、适应性的统一。

从本质上来讲，模块化设计在设计思路和手段方面与装配式住宅相契合。模块化设计改变了建筑师对住宅的整体认知，更新了传统的住宅建造设计思维，促进了设计多样性发展与工业化住宅生产过程中越来越多的生产变革。

1.1.3 数字化信息技术——推动住宅智能建造的新趋势

目前，产业数字化变革已在全球范围内掀起了新的波澜。英国出台了数字英国战略，德国推行“数字化战略 2025”，法国提出“数字化革命计划 2017—2027”。2017 年 10 月，党的十九大报告中提出了“数字中国”的相关概念。数字信息技术改变了传统的建筑设计理论与方法，众多学者也在数字信息技术与智能建造领域进行了理论与实践研究。数字信息技术以计算机为工具，从参数化模型开始，通过自下而上的生成式设计，快速、准确地完成大量计算性、重复性的工作，拥有超越传统设计方法的绝对优势。

在工业化住宅设计领域，数字信息技术能够有效解决人员的体力局限和数量不足所带来的建造效率低下和造价过高等问题。同时，数字信息技术对于推动住宅智能建造创新具有重要的科学意义和社会应用价值。数字化信息技术不仅能通过相关算法、BIM、参数化设计软件等设计工具，快速完成住宅从二维平面到三维空间的转换；还能通过机械臂、智能建造机器人、3D 打印等技术手段，实现住宅智能化建造。在住宅设计过程中，通过设计用户物理、心理等多方面因素，促使评价建筑优劣的体系从主观转向客观。然而，数字化信息技术以及模块化设计与实践尚处于发展阶段，在模块化设计阶段有效利用数字化、参数化设计方法产生新的模式尚无先例，可以说，我国建筑相关产业数字化、信息化发展工作任重道远（图 1.1）。

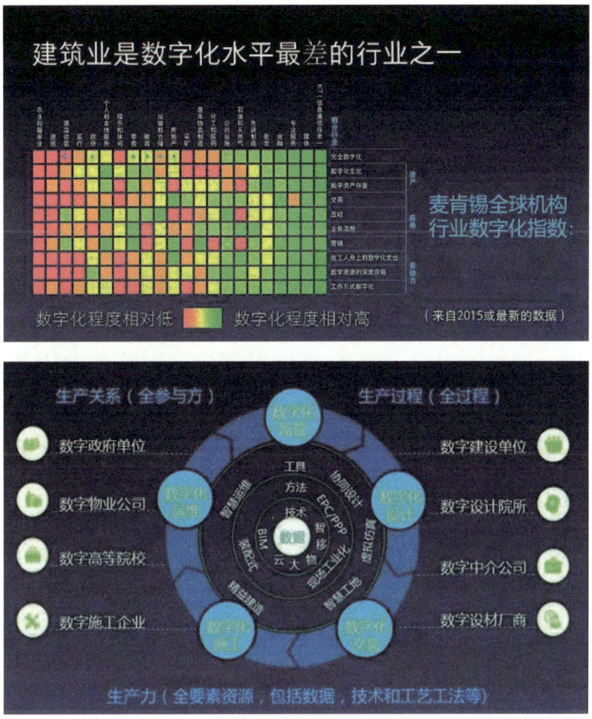

图 1.1　建筑业数字化水平发展状况

（图片来源：https：//www.sohu.com）

基于以上背景因素，本书借鉴模块化理论与方法，探索微型居住空间设计与建造中的相关问题，并且尝试采用数字化设计工具，对微型居住空间内部模块与单元进行辅助设计，提出符合微型居住空间的模块设计思路、分类方法、细部一体化设计等。

1.2　研究目的及意义

1.2.1　研究目的

研究目的具体如下。

1. 整合与归纳装配式建筑模块化相关概念和理论

从早期适应性实践、模块化理论研究和单元空间设计等层面梳理国内外模块化相关研究现状，界定微型居住空间、模块与模块化、模数协调等相关概念，整合梳理模块化、住居学、开放建筑等相关理论，分析欧洲、日本等国外先进国家住宅工业化发展历程及特点；厘清当代我国住宅工业化发展历程，为微型居住空间模块化设计提供理论基础，为相关学者的研究提供参考。

2. 总结当前装配式微型居住空间品质和用户需求状况

结合微型居住空间的概念，对装配式住宅进行实地调研。对住户家庭结构、套型面积和套型平面等基本情况进行分析；从居住品质和使用需求两方面对现有装配式住宅现状进行分析，总结装配式住宅在尺寸、空间功能和精细化设计方面的问题；为之后的微型居住空间优化设计提供思路，保证设计的合理性。

3. 提出适合于微型居住空间的模块化设计方法

将模块化设计相关理论与装配式住宅实地调研资料结合，根据微型居住空间设计特点，概括优化设计的基本原则；归纳设计、工厂预制、运输、建造等方面对模块的尺寸、重量的限制因素；通过与传统模块化住宅设计思路对比，提出邻里公共空间分时共享、弹性单元按需复合利用的居住空间模块分类方法和模块内部单元的设计思路。

4. 提升居民在微型居住空间中的使用感受和体验

依据当代青年的行为需求，设计基本模块和扩展模块，通过智能立库、智能移动楼板等新技术，实现模块内部单元的组织和交互，大幅度提升住户的使用感受和体验。利用数字化辅助设计工具 Grasshopper（简称 GH，一款可视化编程语言）中的相关电池组件设计功能，为微型空间模块组合设计提供科学依据。

1.2.2 研究意义

随着我国工程建设发展模式由追求数量转为追求质量，装配式工业化住宅的建造进入了产业结构转型升级的关键时期。将模块化理论与微型居住空间结合，不仅是对传统住宅设计建造模式的真正创新，同时也是探求高品质、低成本住宅的设计方法，满足住户多样化需求的创新性尝试。本书的研究意义具体如下。

1. 响应国家城市高质量发展战略，解决大城市突出问题

在社会意义层面上，微型居住空间模块化思想具有鲜明的时代特征，是未来有效解决大城市住房困难、城市更新等问题，实现城市高品质发展目标的重要途径。另外，模块化设计策略和技术具有一定的集约特性，在促进城市更新、解决住房困难、节约建造成本、提高个性化设计方面具有巨大的优势。本书在装配式住宅实地调研的基础上，从用户需求出发，设计多种模块和单元，以提高居住空间利用率，提升住户居住体验。

2. 丰富微型居住空间模块化理论成果，提出新型模块设计方法

在理论意义层面上，我国在构建模块化设计及理论研究方面尚处于初级阶段，许多理论基础和设计方法需要不断完善。本书的研究领域为微型居住空间模块化设计，以数字化、参数化手段对模块和单元进行组合设计，对微型居住空间从单元到模块，再到套型的推导过程和设计策略进行了深入的研究和讨论。

本书的研究意义在于探索模块化设计的概念如何渗透到微型居住空间中。与传统模

块化设计思路相比，本书将住户行为需求和人工智能、智能立库①、AGV可移动机器人等新技术、新方法融入到弹性模块化设计思路中去，在有效利用空间、降低成本的同时，进一步探索人性化、宜居化的设计方向，满足住户对未来住宅灵活可变的需求。

3. 挖掘微型居住空间模块化实践潜力，探索住宅标准化建造新思路

在实践意义层面上，为了应对我国资源短缺和环境恶化等问题，建设“节约型”社会不仅是建筑业的发展方向，也是整个社会的发展目标。我国迫切需要加强对相关设计策略和施工方法的研究。

本书结合模块化理论研究体系，总结微型居住空间在工业化住宅中可行的模块分类方式和设计方法，探讨模块在尺寸和重量上的限制因素和相关技术策略，从而达到利用建筑模块设计思想完成产业化对接的目的，为实现建设资源节约型社会、经济社会可持续发展的目标做好准备。

1.3　国内外研究现状

1.3.1　国外研究现状

目前，国外在建筑模块化设计与实践领域已形成理论体系，研究内容主要以建筑模块形态、分类和组合方法，模块声、光、热物理性能要素设计与优化为基础；设计方法上借助计算机新技术进行数字化设计，如BIM、参数化、人工智能等。在注重模块化设计理论研究的同时，积极发掘与工业化住宅建造相关的理论和实践依据，取得了较为丰硕的理论成果。

1. 模块化早期适应性研究与实践

模块化设计的早期实践在欧洲工业化住宅基础上发展。第二次世界大战结束后，住房紧缺问题促使建筑师探索新的设计和建造方法，以“混凝土盒子”为空间单元的高品质住宅应运而生。早期模块化设计将模块化相关概念引入建筑设计领域，改变了传统的设计思路，摆脱了住宅建设对快速量产的要求，更注重开放性的空间品质和多样化的住户需求。

柯布西耶在1947年设计了最具代表性的工业化住宅——马赛公寓，在套型设计上提出了“抽斗式住宅”的设想，该住宅是第一个采用预制混凝土外墙板、现浇钢筋混凝土框架结构的大型建筑。格罗皮乌斯设计的哈佛大学研究生中心，首次引入了组合概念。以“簇”为单位设计每一个房间，每一个“簇”都由独立的教室和房间等相关设施组成，根据使用要求可以对“簇”进行自由组合，获得不同形式的教室和房间，如果研究

① 智能立库也称为智能立体仓储，是利用自动化存储设备同计算机管理系统的协作，实现仓库内货物立体存放、自动存取和标准化管理。

中心需要扩建，则只需加上入的“簇”即可，事务所研究团队把这种模式称为“成长图形”（Patten of Growth）。凡·艾克设计的阿姆斯特丹“儿童之家”（图 1.2），拓展了房间组合模式和模块化建筑推崇的组合优化空间，影响了后续模块化建筑的设计理念。萨夫迪设计了世界上第一个真正意义上具有模块化建筑属性的住宅——蒙特利尔栖息地 67 号住宅。

图 1.2 模块化早期适应性实践——阿姆斯特丹“儿童之家”（组图）

（图片来源：https：//en.wikiarquitectura.com）

2. 模块化理论研究

在模块化理论研究层面，赫伯特·西蒙（1962）针对复杂性系统，通过等级理论对其进行有效分析，指出模块化是一种能够简化复杂系统的层次结构，复杂性必须从简单性演变而来，层次结构具有可分解的属性。鲍德温和克拉克（1997）基于模块系统操作创新研究建立模块化理论，指出模块化组成是由简单到复杂的过程，同时模块独立性是重要影响因素，在 2000 年发表的 *The Power of Modularity* 一书中，将模块化理论引入计算机、工程管理、经济学等多个领域，指出模块化设计的优势，并提出模块化设计的相关新概念。青木昌彦将产业结构与模块化结合，表明模块化是一种分解复杂系统的过程，其自身具有独立性和标准性，利用其性质可构成更为复杂的系统。尼科斯·A. 萨林加罗斯（2001）结合模块化理论，扩充了建筑模块的结构和尺寸特性，表明模块化设计能够体现建筑风格、空间认知和连通性。瑞安·史密斯（2011）将模块化设计理论引入到工业化建筑中，系统介绍了工业化建筑异地制造的利弊，通过多个实践项目说明建筑预制结构、围护、服务和内部建筑系统的设计方法。罗奇（2015）将产品模块化概念引入传统建筑设计中，通过模块化方法解决房屋大规模建造问题，满足其实用性和适用性要求。丹妮拉·D. 维安（2017）结合两个实践案例探讨模块化理论在建筑领域的应用，指明模块化理论能够解决 ETO（大型复杂装备制造）工业化建筑复杂系统，对提高生产效率和减少误差起到积极作用。

3. 模块化单元空间设计层面

在单元空间设计层面，杜阿尔特（2005）利用计算机辅助设计，将不断演变的计算机设计流程与传统设计流程进行比较，来解决生产系统住宅大规模定制问题；莫森（2008）认为模块化在降低劳动力需求、提高施工效率等施工环节产生较大优势，并且通过软件模拟，在预测生产效率、施工持续时间和备选施工方面进行了探索。胡塞尔（2014）说明模块化系统架构在提高功能分配灵活性、降低开发成本以及提高主要可维护性和耐用性方面的潜在价值，提出了一种基于使用竹子的模块化系统（BMS）的设计思想，并将其应用于马来西亚公共生态建筑公交候车亭的设计中。在数字模块化设计层面，本罗斯（2009）认为数字化设计方法能在模块化建筑设计中起到积极作用，通过参数化相关技术，可以满足不同住户对空间品质的需求，完成房屋个性化定制。其他学者的模块化相关概念概述见表 1.1。

表 1.1 模块化相关概念概述

概念提出者	模块化概念
斯塔夫（1965）	模块化是一个过程，它通过多种性质模块进行设计、组合，从而达到简化复杂系统的目的
席林（2000）	模块化是一个连续统一体，受各个组成模块紧密程度、匹配程度等因素影响，其本质是系统内各个组成部分分离和组合的过程
朗格卢瓦（2002）	在管理领域，模块化本身具有独立功能性，是构成复杂系统的标准规则，将各个模块进行合理组织，使其在标准结构中能够进行有序联系，完成各自的分工和任务
科恩（2006）	模块化能满足用户多样化定制需求，能够促进企业创新和加强其组织协调能力，但粗放型模块化设计，破坏了企业在市场上的正面形象，造成了大量低品质的产品

1.3.2 国内研究现状

当前，我国的模块化设计研究主要集中在产品制造产业和经济管理领域。建筑设计领域在模块单元定制化设计方面的研究较少。对于模块形态的选择多以规则实体单元、集装箱为主，没有对其进行详细、系统的探讨，缺少以“微型居住空间”作为分支的详细研究。

1. 模块化理论研究

在模块化理论研究层面，国内学者参考国外研究，对模块化理论进行本土化、适应性发展，童时中（1998）将模块化概念分为狭义和广义两类，并对模块化定义和界限进行说明，表明狭义和广义模块化均能在各自领域发挥其特性，为模块化引入建筑领域奠定了理论基础。钟庭军（2005）论述了主流模块化理论观点在技术和市场模块化方面的局限性。闫星宇等（2007）阐明一体化和模块化在产品生产和企业组织模式的应用范围，认为产品的可界定性、可检测性和可预测性是实现其模块化的必要因素。夏辉（2008）从设计、生产、组织和产业四个方面详细论述了制造业模块化理论的发展进程，同时表明服务业模块化应用前景。徐双庆等（2008）梳理了现有研究对模块和模块化的定义，介绍了模块化技术在产品生产、组织和创新方面的研究进展，表明模块之间的组织设计是未来研究的重要方向。

2. 模块化空间分类与设计

在模块化空间分类与设计方面，众多学者在对模块形式、分类、模块化组合方式、内部空间设计等方面的探讨中，多以住宅和临时性公共建筑为主，其具有高标准、低造价、可拆卸等优势，因而具有非常广阔的研究和实践前景。林嵘等（2004）通过实际案例分析单元空间组合模式和设计方法，表明单元空间的重复和组合能够带来丰富的空间和多样的感受。何镜堂（2007）探讨高校实验室建筑与模块化相结合的设计方法，结合设计实例展望高校集群化实验楼设计。贡小雷等（2010）以废旧集装箱为改造核心，总结近年来居住类建筑、公共类建筑的改建经验，为模块化空间设计产业对接提供了一个崭新的思路。于小菲等（2011）针对中国农村住宅现状，提出采用钢结构体系的农村住宅模块化设计方法，以工业化建造的方式解决目前农村住宅建设中存在的问题。王蔚（2012）通过分析国外集装箱建筑案例，在模块化应用、空间设计、绿色建筑设计方面初步论述了装配式模块化建筑设计方法。崔愷提出将模块化设计方法深入到幕墙划分、门窗洞口以及整个内部空间布局中。袁烽等（2013）通过论述模块化设计及建筑优化方法，表明基于BIM设计平台的数字模块化建造已经成为建筑设计以及产业的重要发展方向。樊则森（2014）从标准化设计、工厂化生产、装配化施工等方面提出装配式模块化建筑的BIM设计方法。辛善超等（2015）提出基于模块化理论的建筑设计与建造的新体系，通过协同设计和集成制造相关理论简化建筑系统流程，发挥其潜在优势。郭明（2016）探讨了模块化住宅工业化发展模式，提出了基于全生命周期和生产分工的模块化系统，并针对技术管理等制约因素提出相应的对策建议。

3. 数字化设计与建造

研究结合实践，从数字化设计与建造、模块替换角度强调模块化技术创新对设计与建造的积极影响。王芸（2017）基于数字信息技术，通过提升模块形式的多样性和空间品质，实现需求与设计、设计与建造对接，提高建筑系统的运行效率。孙澄等（2017、2018、2019）以数字化设计、人工智能、虚拟现实技术为基础，探讨建筑设计与建造的新理论、新方法。刘晓明（2019）结合工程案例，从总体规划、功能模块设计与组织等方面探讨了现代大型医院的模块化设计方法，以化繁为简的模块化设计方法来适应现代医疗设计实践。张颂民（2020）以雷神山医院为案例，阐述如何采用标准化、模块化的预制单元进行工程建造，表明现场拼装的装配式体系建设方法是解决未来应急项目设计建造工作的有效方法。王宽（2020）将模块化设计策略与蒙古包相结合，从内部的单元模块设计、生态设计和未来前景三方面对蒙古包的未来发展方向进行展望。

1.3.3 相关文献研究总结

通过查阅国内外相关文献，发现当前模块化相关研究主要存在以下三个问题。

（1）在模块化设计方面，以住宅作为独立分支的详细研究较少，住宅内部模块多以单一功能分类，缺少对特定人群居住行为和模块之间关联性的考量；模块尺寸设计没有与实际建造对接，缺少对建造流程细节的把控；对于现有的住宅模块化设计而言，欠缺以微型居住空间为核心的模块分类和组织。

（2）在模块化设计与建造方面，研究多以实际建造为主，对模块化设计方面的研究较少，对模块应用的研究多以集装箱等“二手容器”改造为主，没有对其形成深入而系统的界定。

（3）在数字化设计方面，将数字信息技术与模块化设计相结合的研究较少，缺少对模块内部组合及空间组织等问题的细化研究。当前，数字信息技术已经应用到模块化设计与实际建造中，技术手段多以计算机为载体，对环境和空间进行分析，然而缺乏对二者相结合的整合性研究。

基于以上问题，本书的研究重点是模块化理论探究和微型居住空间功能模块设计，包括弹性模块化设计思路、分类和组合方法。在模块化理论方面，结合住居学和开放建筑理论，通过实地调研梳理装配式微型居住空间品质和使用现状，丰富相关概念和理论研究，为微型居住空间中各种功能模块设计提供科学合理的判断依据。在模块设计方面，基于青年群体居住行为将模块进行重新分类，并参考现行标准和生产、运输、施工等限制因素对模块尺寸进行设计，通过 Rhinoceros 及 Grasshopper 平台进行模块组合，进一步提高套型组合效率和科学性。

1.4 研究内容、方法及框架

1.4.1 研究内容

本研究题为“基于模块化理论的微型居住空间功能模块优化设计策略”，其中“微型居住空间”是研究对象，“模块化”是方法策略，“功能模块优化设计”是研究目的。研究立足于“模块化”理论，通过数字化、参数化手段获取模块分类、组合、模块化平面设计等，实现微型居住空间设计与优化过程一体化。

研究内容分为以下四个部分。

（1）通过文献研究总结模块化策略在住宅设计中的应用，分析住宅模块化设计对接工业化住宅的便捷性和经济性，为微型居住空间中各种功能模块选取提供科学合理的判断依据。通过实地调研，梳理当前装配式住宅设计问题，为住户需求与空间功能适应性、空间精细化和模块尺寸标准化提供优化思路。

（2）整合现有模块分类、组合设计方法，与传统模块化设计思路进行对比，对模块设计思路进行再设计。通过模块内各个单元的筛选和细分，有针对性地梳理基本模块，扩展模块内单元的种类，精细化设计注意事项，为下一步模块参数化组合优化设计做准备。

（3）探讨参数化设计方法，通过 Rhinoceros 及 Grasshopper 平台下相关电池组设计进行优化组合。设计者通过设置基本参数，例如场地面积、空间名称、尺寸面积、各空间之间连接属性和入口位置等，实现不同功能模块及单元组合，完成基本模块和扩展模块平面设计，为下一步项目实践提供借鉴。

（4）基于实地调研和第二部分设计成果，提出基于微型居住空间的功能模块优化策略和组合方法，对选取的项目进行实践研究。

1.4.2 研究方法

基于模块化理论和装配式设计方法，以微型居住空间为核心，遵循“文献查阅—实地调研—问题分析—问题推演—策略探讨—进行实践”的递进式研究思路，具体运用以下研究方法。

1. 文献查阅法

关注“模块化理论”“住居学”“开放建筑”“数字化设计”“模块建造”等相关文献与前沿动态，通过对相关文献的阅读、分析汇总研究，加深对微型居住空间和模块化内涵的理解，力争对研究内容获得系统性、前瞻性的认识，并保证研究方法的可行性及研究内容的时代性和创新性。

了解装配式相关设计实践案例及施工技术流程，从装配式设计方法、基于行为的模块设计和数字化技术三个方面进行分析；通过查阅书籍、学术期刊、网络资源等方式，进行材料整理，发现问题并对问题展开论述。

2. 实地调研法

对已经使用装配式技术的天津市居住区进行实地调研，通过访谈、问卷调查的方式，统计居民的年龄、家庭结构、对装配式技术的认知等基本信息；记录住宅套型平面、空间品质、使用状况等空间评价信息；将最终的调研数据及资料进行整理和分析，建立微型居住空间基础数据库，为研究获得第一手真实资料。

对装配式生产厂家和相关专家进行采访，了解相关产业技术流程、技术要点和优秀案例，了解行业发展状况、瓶颈和发展趋势，掌握装配式住宅与模块化结合的设计方式，用以解决模块设计等相关问题。

3. 数字技术组合法

在参数化平台上，借助相关算法能快速、准确地完成空间拓扑关系设计，将组合图示转译成空间关联图解，获取住宅建筑造型、室内外居住空间布局、场地设施配置及居民活动状态的相关信息，对居住空间中各构成要素的时空分布特征与使用状态进行高精度与可视化描绘研究，为居住空间形态与空间使用状况、建筑布局、空间组织类型与影响因素的筛选和确定等基础性研究提供精确数据和基础平台。

本书的模块及内部单元组合采用参数化设计方法，通过 Rhinoceros 及 Grasshopper 平台下相关电池组设计对微型居住空间相关单元、模块进行组合，以组合图示作为模块及套型平面设计的基础。

4. 模块分级法

微型居住空间模块分类和设计可参考住居学理论、开放建筑理论等相关研究成果。模块建造方法和尺寸限制因素，可参考建筑与土木工程相关研究成果。模块设计流程为“建筑系统—空间模块—功能单元”，由上到下，由大到小，逐层分析，根据内部不同的组成关系，对居住单元进行模块划分。模块分级法是工业化住宅设计与建造的核心方法，系统划分便于深入研究各个层级之间的关系。

1.4.3 研究框架

研究框架如图 1.3 所示。

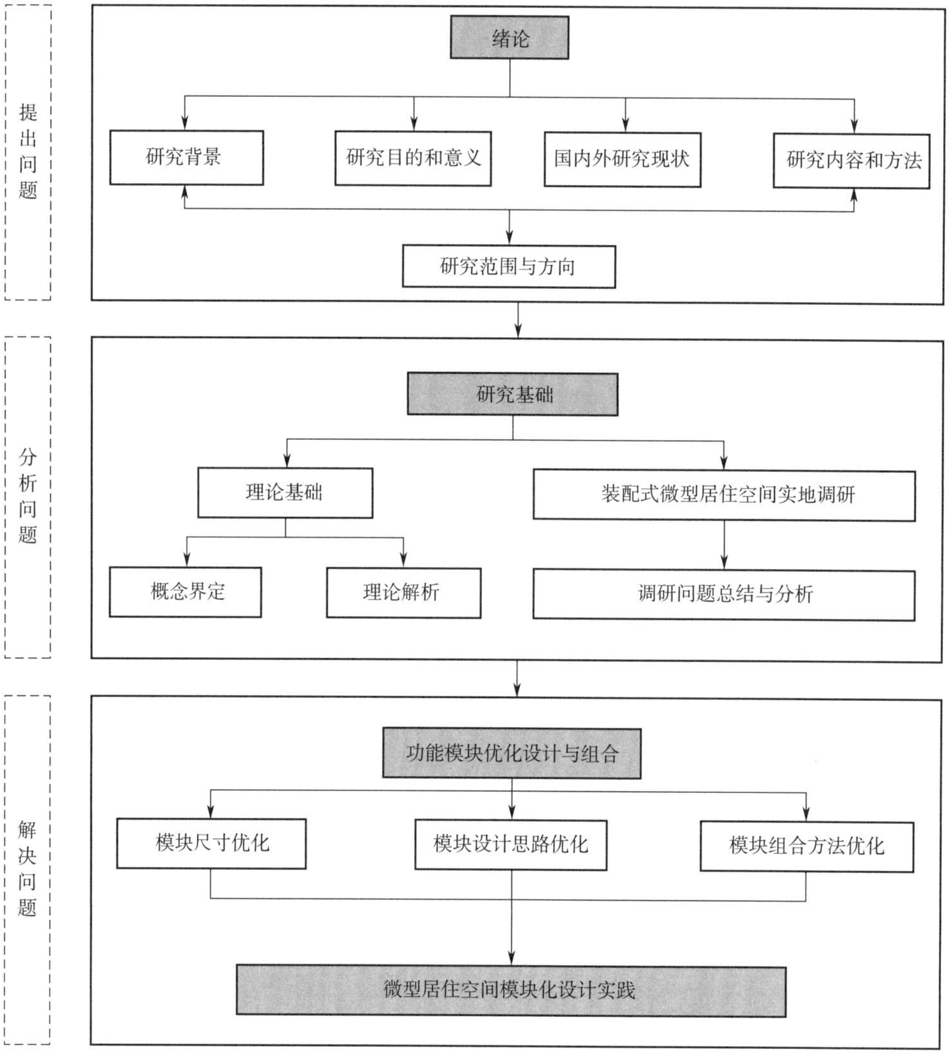
提出问题
绪论
研究背景
研究目的和意义
国内外研究现状
研究内容和方法
研究范围与方向
分析问题
研究基础
理论基础
装配式微型居住空间实地调研
概念界定
理论解析
调研问题总结与分析
解决问题
功能模块优化设计与组合
模块尺寸优化
模块设计思路优化
模块组合方法优化
微型居住空间模块化设计实践

图 1.3 研究框架

第二章 概念界定与理论解析

随着我国社会与经济的快速发展，传统意义上的住宅建造方式存在着使用效率低、设计不合理、建造方式冗杂、工期较长等问题，难以满足住宅高水平建造与多样化设计需求。早在一个多世纪以前，面对此类问题，日本以及欧洲发达国家进行了以“模块化”方式建造工业化住宅的探索。这种工业化住宅不仅建造速度快，还强调运用新的生产方式提高建设效率、降低能耗。

模块化理论及相关概念在制造业、经济管理领域的发展更为深入，概念界定也更加准确。而在建筑领域，其在微型居住空间方面的应用研究尚处于初级阶段。本章主要进行理论方面的介绍，对微型居住空间、建筑模块、单元等相关概念进行解释、限定；通过梳理模块化理论、住居学理论和开放建筑理论，总结国内外住宅工业化发展历程及特点。

2.1 相关概念解析

2.1.1 微型居住空间

微型居住空间（Micro-residential Space），国内外相关学者称其为“微住宅”“极小型居住空间”“极小住宅”“微型社会单元”等。此概念最早出现于英国。基于工业革命引发的生活及生产方式的巨变，设计者通过面积较小的居住空间来解决贫民住房紧缺的问题。特别是第二次世界大战后，欧洲面临严重的住宅短缺问题，建筑师们对此进行了大量的研究和实践探索：1929 年国际现代建筑协会（CIAM）提出了“最低限住宅”概念；格罗皮乌斯提出了“最小生存空间”概念；柯布西耶提出了高度集约型住宅模式（如为低收入群体设计的马赛公寓），对欧洲住宅的发展产生了很大的影响。早期微型居住空间研究以“小”为关注重点，相关理论和实证案例包括最低限住宅、马赛公寓、赫鲁晓夫楼、日本吉武泰水设计的“51 C 型”住宅、新加坡组屋等。直到后现代主义时期微型居住理论强调影响微型居住空间的设计因素除设计标准化、人体尺度以外，还包括功能混合、结构类型、心理尺度等多层面要素，这一认识的转变为后来的研究提供了理论框架。

国内对微型居住空间的研究自 20 世纪 50 年代开始，从学习苏联赫鲁晓夫楼的建设经验到借鉴新加坡组屋、日本缘侧住宅、荷兰开放住宅等理论，近几年相关研究较多，部分学者对微型居住空间概念进行了界定，但其定义都较为模糊，在微型居住空间面积细分、精细化设计、人性化及设计理念、思维方法上显得较为粗犷。

本书所研究的微型居住空间与常规住宅相比，有规模小、能耗低、便于快速大规模生产建造等优势，通过与工业化住宅产业对接，成为一种能够快速生产出满足住户多样化需求且占用土地资源最少的居住建筑类型。其概念与以往的认识和研究不同，主要针对当前“大城市住房问题”背景下相关群体的生活方式及需求变化进行研究。从人体适宜尺度和心理舒适度方面进行探究，微型居住空间需要满足以下三个方面。

1. 尺度小而精致

阿兰那・斯唐在《绿色住宅设计》一书中表明：房屋尺度大小对其周边人文及物理环境影响深远。尺度是微型居住空间的首要评判因素，相关设计规范对于不同住宅功能空间类型的面积要求做出了规定。对微型居住空间而言，物理意义上的空间尺度并不能构成唯一的限定因素，但清晰的尺度范围限定能够进一步明确，从而对研究对象进行有针对性的研究。本研究参照现行住宅设计规范，基于国内外微型居住空间的研究现状语境，将研究对象的尺度范围界定在人均使用面积 15 m^2 以下，并在此基础上进一步划分为≤15 m^2（S 级别）；15~30 m^2（M 级别）；30~60 m^2（L 级别）三个层级。

2. 功能复合高效

微型居住空间在一定程度上拓展了传统住宅的功能范围，不仅关注套内如卫浴、餐饮、休憩等居住空间，还把与居住生活密切相关的住区户外空间（如户外健身、阅读、交流等）作为微型居住空间共享使用功能的拓展加以综合研究。

微型居住空间功能的复合高效包括对空间功能利用的高效，以及对资源能源利用的高效。微型居住空间一方面可以通过完善功能使用的灵活性，将建设所需的资源降至最少；另一方面，能够将减少建造过程中噪声、建筑废物对环境的损害，贯穿于设计、生产、运输、施工直至后期维护拆除的全生命周期，通过缩减住宅内部的冗余体积，减少住宅体量，强化施工技术等方法，大幅度降低能耗。

3. 空间灵活多变

传统住宅设计主要依据人的行为对其进行功能划分，其内部家具相对固定，功能分区较为单一；而微型居住空间内部借助智能立库、可移动机器人、可折叠家具等进行移动布置，住户可根据行为的改变进行空间的重新划分。在智能机器和数字化可视技术的支撑下，微型居住空间的空间模式将发生根本性转变，住宅功能空间与住户之间的联系更加紧密。住宅与人之间张弛有度的互动关系，灵活的空间组织方法以及空间内部的可操作性将成为设计的重要目标。通过内部模块的转变、移动，能够实现功能空间在垂直方向上的整合，使住宅在相同地点、不同时间段中实现多种不同功能的转化，极大优化了住户的居住体验。

2.1.2 模块与模块化

2.1.2.1 模块

模块（Module）的概念最早来源于产品生产领域，斯塔尔于 1965 年在《哈佛商业评论》上提出这一概念，其后模块概念在产品生产和计算机软件开发中得到了广泛应用。斯塔尔指出：模块是可以单独进行设计和生产的部件，这些部件可以进行多种方式组合。此后，模块的定义范围也逐渐扩大，不同的领域对于模块的定义也有所不同。

在住宅设计领域，将标准构件进行模块化生产、组装，已成为工业化住宅最重要的设计方法。本书提及的模块是由卫浴、休憩等功能单元（子模块）组合而成的，是具有特定功能和独立结构的工业化产品。可以说，模块是功能单元的集合，其特点包括以下几个方面。

1. 空间可组合性

将住宅模块按照一定的方式进行“堆砌”，可以形成比模块规模更大的套型、标准层，甚至是一栋完整的建筑系统。模块作为建筑系统的基本组成部分，如基本模块和扩展模块，具有自主独立性，能够随时根据用户需求进行拆卸、更新。模块由多个功能单元组成，如卫浴单元、休憩单元等，这些功能单元必须依托于模块实现自身功能和价值。

2. 功能独立性

模块可以根据空间属性进行拆分，每一种模块都具有独立的功能，其功能根据住户的需求进行自定制设计。另外，模块与模块之间可借助智能设施进行替换和拆卸，通过可移动机械臂、AGV 智能搬运机器人可对其进行连接及组合，从而保证一栋住宅的完整性。

3. 设计标准性

模块自身的结构通用性、兼容性比一般建筑构件更具有明显的优势，是标准化属性的单元集合。模块内部的家具、管网、装修都要采用标准化设计，保证每种模块都能够在工厂进行大规模生产加工。

从上述三点可以看出，表现形式、位置层次、互换性等都可以对模块进行重新定义，然而在不同领域应用何种标准对模块进行衡量区分，模块这一概念始终没有脱离分解与组合这一逻辑关系。将空间根据用户行为进行分类，形成多个单元后，选择功能特性相关的单元按照逻辑和规律进行组合后，最终可形成住宅模块，通过各个模块的组合，便可形成套型乃至标准层等。

2.1.2.2 模块化

模块是组成建筑系统的基础部分。区分不同模块的性质对于建筑的组成具有关键性作用。根据不同功能单元组合形成模块的过程，即模块化。对于模块化（Modularity）的理解和应用，学者们的讨论更加热烈。朱辉（1997）表明，模块化属于标准化范围，其本身就是标准化发展的新型概念，由专业人员确定的具有独立单元组合成事或物的过程可称为模块化。童时钟（2007）表明，模块化是以提高系统运行效率为核心，采用标准化手段，使系统内各个组成部分更加规范和有序的思维工具。可以看出，学者对模块化这一概念的界定，始终将标准化作为其本质特征，而标准化一直是工业化住宅的核心，二者具备一些共同属性。

当前，对模块化的理解与应用，通常分为狭义模块化和广义模块化（表2.1）。在建筑领域，“模块化”相关概念主要包含两方面内容：一方面是设计价值，以“模块化”作为单一空间到组合空间的一种媒介；另一方面是建造价值，通过“模块化”使材料与构件共同组成建筑整体，同时符合坚固、美观、经济的基本标准。

表 2.1　狭义模块化和广义模块化

相关概念	概念解释
狭义模块化	由不同性质模块通过合理的组合所衍生出的模块化产品，例如：模块化家具、模块化电子设备等
广义模块化	由典型通用单元组成的实物，例如：企业的组织结构、流水线的构成等

本书所指的“模块化”是一种建筑设计方法，属于广义模块化的范畴，以建筑空间元素作为核心，建立模块系统，通过组合、拆分、转化等方式进行模块化设计，以此提高微型居住空间品质与建造效率。

2.1.3　模数协调

2.1.3.1　模数

建筑模数制度对于模块化设计乃至建筑工业化发展起着至关重要的作用。一套良好的建筑模数应该考虑设计、生产、运输直至施工等各个方面因素的限制。对于模块化设计，模数设计是基础，也是工业化住宅大量建造的前提。在住宅模块化设计的过程中，模数应以经济性和高效性为根本，充分考虑住户需求和空间结构特点，保证从设计到施工等多个环节经济、快速、环保地进行。

模数制自古代就已经产生，西方最重要的建筑学著作《建筑十书》和中国古代最完整的建筑图书《营造法式》都为模数制的建立奠定了理论基础。但是，东西方对模数的应用有所不同，西方建筑强调整体与部分之间的关系组织，以“秩序协调”为核心，更看重其比例尺度所带来的主观感受；东方则更加看重部分的标准化，通过整体的快速有效化生产，达到经济适用的目的（图2.1）。总之，古代东西方由于生产技术落后，对模数尺寸的设计并不严谨，适用范围十分有限。

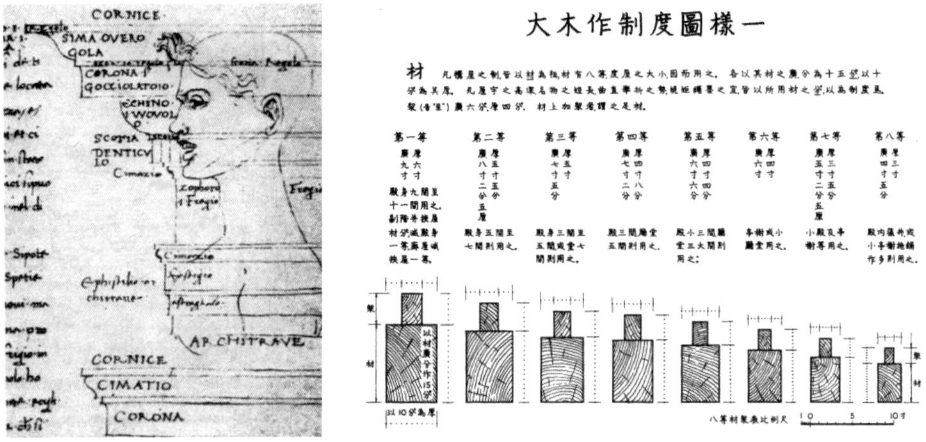

（a）　　　　　　　　　　　　　　　　（b）

图 2.1　模数制的理论基础

（a）人体比例线稿；（b）大木作制度图样一

（图片来源：根据《建筑十书》《营造法式》中插图改绘）

近现代的模数发展始于 1920 年，为适应建筑工业化要求，解决住房紧张问题，将模数作为构件的基本单位，应用到建筑部品组件的生产中。格罗皮乌斯提出组成建筑的各个构件应采用标准模数制的思路进行设计生产。柯布西耶也曾参照人体尺度，通过人体各个部位之间的黄金比例关系形成了“红蓝尺”，以红蓝尺为标准建立了一套建筑模度理论。艾尔伯特 · F. 贝米斯是最早提出现代模数理论的学者，他提倡以房屋的组成构件为基础进行设计，这种构件能够规格化量产和多样化组合；在构件尺寸和形态方面，应以最小构造墙厚（7.62 cm、10.16 cm）的立方体作为基本单位。在这个阶段，模数的概念已经脱离了感官上、美学上的定义，成为一种客观、严谨的规则。

我国的模数体系快速发展源于 20 世纪中期。为探索我国建筑工业化进程，鼓励将新技术、新材料运用到房屋建设上，借鉴西方现代模数理论发展本土化的模数体系，1955 年，我国首次发行了《建筑统一模数制》（标准 104—55），直至 2021 年，我国已对其进行了四次修订，目前采用的是《建筑模数协调标准》（GB/T 50002—2013），对基本模数、扩大模数、模数数列等基本概念、尺寸限制、适用范围进行了多次修改。其相关规定见表 2.2。

表 2.2 模数概念及适用范围

模数		概念及适用范围
基本模数		基本模数的数值应为 100 mm。基本模数的适用于建筑内部构件和功能空间模块
导出模数	扩大模数	扩大模数与基本模数呈倍数关系，在分类上分为水平和竖向扩大模数两种，水平扩大模数的基数为 3、6、12、15、30、60 Ma 共 6 个，相应尺寸分别是 300、600、1 200、1 500、3 000、6 000 mm。竖向扩大模数的基数为 3M
	分模数	分模数与基本模块也呈倍数关系，其基数为 1/2M、1/5M 和 1/10M，相应的尺寸为 50、20、10 mm
	模数数列	目前不再使用模数数列表，淡化 3M 概念和适用范围。模数数列应根据功能性和经济性原则确定，对于建筑开间、进深等宜采用水平基本模数和水平扩大模数数列（2nM、3nM）；建筑物高度、层高宜采用竖向扩大模数数列（nM）；构造节点和分部件接口尺寸宜采用分模数数列（M/10、M/5、M/2）

2.1.3.2 模数协调

一栋完整的建筑从设计到最终建设完成，所涉及专业众多，包含建筑、暖通、结构等。由于每个专业的设计标准不同，其图纸上的尺寸设计往往有所不同，长此以往会严重阻碍落地实施，因此需要建筑模数协调系统完成各专业设计模数统一。模数协调不仅仅能实现建筑从设计到制造直至安装施工等活动的快速进行，还可以通过标准化的方式选择构件类型，确保建筑构件准确定位和安装。

模数协调标准还可以与模块尺寸进行对接，在设计过程中确保模块的尺寸限制和边界条件，便于后期进行拆除和替换。模数协调内容主要包括模数网格、部件定位、优先尺寸、公差等。以日本为例，自 1950 年起，模数协调标准受到了学者的广泛关注。随着日本工业标准的推行，活动隔墙、整体卫生间、整体厨房等得到了快速发展，住宅工业化、部品化程度日益增强。

2.2 相关理论解析

2.2.1 模块化理论

2.2.1.1 理论发展概况

模块化理论最早应用在工业生产、经济管理等相关领域，作为简化复杂系统的手段而出现，用以解决“整体”与“部分”组织分工、系统简化等问题。1776 年，经济学鼻祖亚当·斯密（Adam Smith）在《国富论》中指出，企业层面从“个体”分工组织到“整体”产业的过程对于提高劳动生产效率和增加国民收入起着巨大的作用。这种劳动

① M 即建筑基本模数，是建筑设计中建筑构配件、建筑制品及有关设备的基本单位。目前，各国均采用 100 mm 作为基本模数，即 1M=100 mm。后文中，模数尺寸均用 M 代替，计算方式为：10 M=10 × 100 mm=1 000 mm。

分工的观点也是模块化理论的雏形。最早对模块化理论进行研究的学者是赫伯特·西蒙（Herbert Alexander Simon），他提出了模块的可分解性，阐述了模块化理论对于分解复杂系统、提高生产组织效率的重要意义。然而在经济背景限制下，模块化理论只能作为一种工业设计方法，弥补传统生产方式的不足。

20 世纪 90 年代，随着社会背景和人民消费需求的转变，模块化理论也从工业大规模生产的方法向产业组织设计方面快速发展。著名经济学家青木昌彦表明，模块化是新经济环境下产业结构的本质；通过设计标准化模块，能够促进复杂系统的顺利进行。哈佛大学鲍德温和克拉克教授在《模块时代的管理》一书中，表明模块化理论在系统形成、组织、完善方面的优势，使其作为一种资源配置方式在全球范围受到学术界普遍关注。另外，他们对模块化理论进行了更为详细的阐述，即系统可以对独立、标准化的子模块进行构筑，随着技术的发展和市场需求的持续转变升级，最终形成一个高效、多元的产业。

近年来，国内也有相关学者进行模块化理论研究，这些研究多将模块化理论作为工具引入学者所在的领域进行发展，并进行创新实践。如骆品亮（2004）将其与软件开发对接，在自由软件中加入模块化结构；侯亮（2004）将其引入工业产品制造中，用以实现大规模定制生产、敏捷制造等。总的来说，模块化理论可以扩展到各个领域，这同样也为建筑领域，尤其为工业化住宅提供了理论支撑。模块化理论能够改变传统的工业化住宅设计和建造方式，形成解决建筑设计与建造相关问题的新型工具和实践策略。

2.2.1.2 设计特点

在建筑设计中，根据模块化理论的设计流程（图 2.2），应按层级分类设计，从设计、建造和管理三个方面进行自上而下的分析，从而快速简化复杂的建筑系统。模块化设计应具有以下特点。

（1）自上而下分层：从建筑整体入手，将建筑分为一级系统、二级模块和三级单元三个部分，逐层展开每一部分，并分析各个部分的特性，便于之后进行标准化设计。

（2）标准化：模块的结构、材料、内部装配和外部装饰均采用标准化设计，以保证每个标准模块的尺度和连接具备通用性，满足住宅工业化生产的要求。

（3）灵活多样性：在建筑中，每个模块均采用标准化设计方式，通过不同性质的模块组合来构成不同的居住空间，以满足住户的多样化空间需求。另外，可将模块进行拆卸、重组，从而延长建筑寿命。

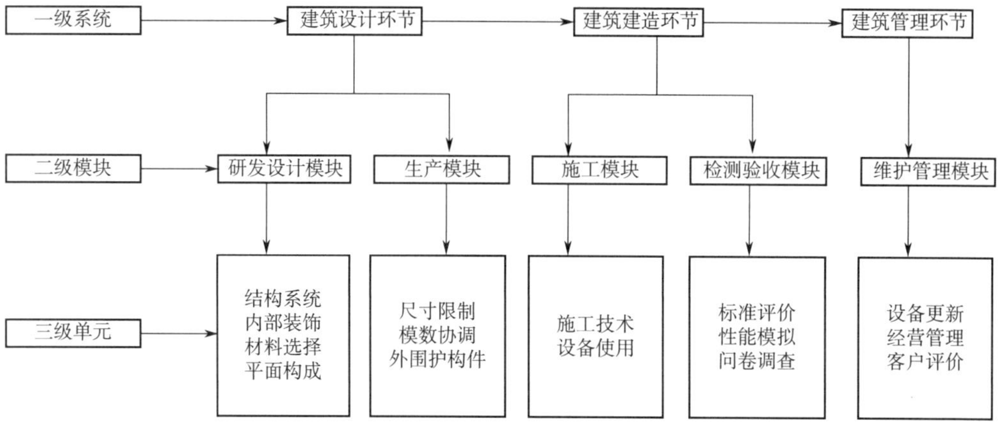

图 2.2 模块化理论的设计流程

2.2.1.3 实践应用范围

在建筑领域，模块化理论应用范围比较广泛，包括理论和实践两个层面。在理论方面，众多专家和学者从模块化设计方法、数字智能建造和产业发展模式等角度进行研究。在实践方面，学者们多探讨模块分类方法、模块化组合方式、内部空间设计等。目前，以模块化理论为基础的空间组合设计方法成为设计实际项目的新思路，建筑类型以住宅和临时性公共建筑为主，涉及装配式公租房、公共服务中心、学校、临时性医院等，取得了一定的成果。模块化以其高标准、低造价、可拆卸等优势而具有非常广阔的研究前景。近几年，利用模块化理论进行设计的项目如下。

1. 雄安市民服务中心企业临时办公室

雄安市民服务中心企业临时办公室是雄安第一个工程项目，由中国建筑设计研究院主持设计和建设，该项目建成时间为 2018 年，于 2019 年向社会开放展示。服务中心占地面积为 24.24 万平方米，总建筑面积为 9.96 万平方米，由公共服务区、行政服务区、生活服务区、入驻企业办公区四大区域建筑群组成；承担着新区公共服务、规划展示、临时办公、生态公园等多项便民服务功能。其中企业临时办公室位于服务中心北侧，选用全装配式、标准化的箱式模块体系。建筑由若干个单元化模块组成，每个模块尺寸一致，尺寸均为 12 m × 4 m × 3.6 m。同时，考虑模块结构、材料、内装、设备等，使模块到达指定位置后无须进行烦琐的施工和二次装修（图 2.3）。

图 2.3　模块化理论在临时建筑中的应用（组图）

在模块组合与中心平面设计方面，将 12 个模块按次序双行排列，在四个方向上垂直分布，并通过中心钢结构服务核进行连接，最终形成 1 000 m^2 左右的“十”字形平面。将多个“十”字形平面进行组合，产生丰富多样、错落有致的庭院空间，最大化地与周边自然环境融合。由于模块本身具有较强的适应性，组合平面可根据不同需求进行变化，进行局部变形、组合，同时解决临时建筑快速拆卸的问题。在结构方面，建筑采用开放式结构体系，包含钢结构平台、箱式模块和标准化外围护构件，通过外墙板、门窗构件、空调板等，使模块内部各个部分随时间进程进行优化、组合，实现建筑结构的进一步升级，能以足够的强度实现设计效果（图 2.4）。

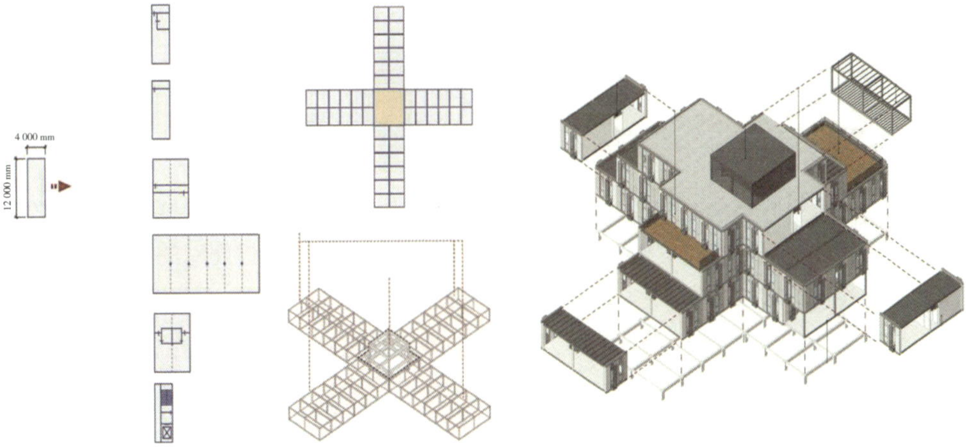

图 2.4　模块组合和中心平面设计

2. 天津市尚林苑（白领公寓）一期项目

白领公寓是国内首个获正式审批的模块化居住项目，由天津大学、天津中天建和中冶天工集团共同设计和建设，该项目建成时间为 2017 年，于 2018 年开始营业，建设地点在天津静海子牙循环经济产业区新城七号路。单栋建筑面积约为 4 300 m^2，建筑高度为 15.67 m，标准层面积约为 900 m^2，建筑由 32 个箱体模块组成，无地下室，地上五层，局部六层。建筑主要功能为多层单元式公寓，主体采用钢框架和钢模块装配式混合结构体系，模块化高度集成，预制装配率达到 94%（图 2.5）。

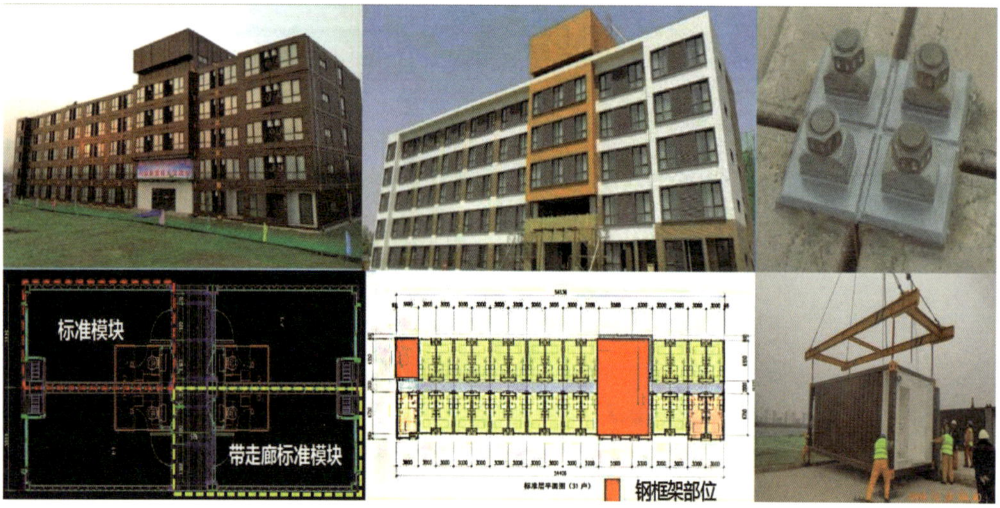

图 2.5 模块化理论在公寓中的应用（组图）

该项目采用标准化设计，通过 5 种不同规格的模块组成建筑整体造型。每个单体模块的结构、保温材料、装修装饰、管线布置基本相同。公寓各个模块的生产流程主要分为模块结构维护封板设计，给排水、水电管线装配，墙顶地、门窗等内部装配，家具、家电、窗帘配饰组装四个步骤，为工业化批量制造提供基础条件。模块内部采用装修设计一体化与工厂干法全装修。单人床、衣柜、厨具、整体卫浴等全部由工厂配置。通过 BIM 技术创建模型，通过管线碰撞检测、方案优化，实现装配式技术应用一体化管理。

2.2.1.4 理论借鉴意义

模块化理论具有三点参考意义。第一，模块化理论能够将住宅内部空间进行模块分类，利用可移动更新的模块，解决工业化住宅“标准化”与“个性化”的矛盾；通过现场组装，能快速创建不同需求的住宅产品，实现真正意义上的工业化。第二，在设计方面，以模块及次级功能单元进行组合设计，使微型居住空间更加灵活自由，满足住户多样化需求。第三，在施工方面，实现水电管线与主体结构的平行作业，减少其冲突造成的工程延误和施工效率低下等问题。

2.2.2 住居学理论

2.2.2.1 理论发展概况

住居学理论最早源于第二次世界大战后的日本，其主要从“居住者”的角度思考住宅设计的舒适性、多样性问题，是对传统建筑学研究的补充和丰富。住居学常作为指导建筑设计的基础学科，但它更接近生活科学的范畴，因而从某种意义上也可称为微型居住学。住居学研究内容包含居住行为、生活行为与居住空间的相互关系、室内空间营造、居住空间品质评价等。住居学借鉴人体工程学、心理学等相关理论知识，通过对住户行为尺度与心理需求的研究，合理解决居住空间设计与需求的矛盾，使居住空间更加经济、实用。

作为一门新兴科学，住居学理论及其相关概念自 1935 年出现，其理论研究发展多以日本学者为主，欧洲及第三世界国家并没有相关理论研究。日本近代建筑师西山卯三研究了大量平民的生活方式，提出无论面积多么狭小的住宅也应该把就餐空间与就寝空间分开，即“食寝分离论”。1965 年，吉坂隆正在《雅典宪章》的三分化理论的基础上，提出生活三类型。他还指出，人是根据自我防范意识来界定空间的，即“居住场所同心圆”的空间结构论。除此之外，平井圣、大河直躬、石茂直道等学者从不同角度补充了住居学理论，为后续研究提供了理论借鉴。

目前，我国住居学理论尚处于初级阶段，一部分学者通过借鉴日本相关研究进行理论本土化拓展，如张宏总结了广义、狭义居住概念，初步建立了住居城市学的框架；胡惠琴通过梳理相关论著和脉络，总结了住居学的研究成果，指出：对弱势群体的关怀及对住宅存量的活用和改造是未来住居学研究的发展方向。还有一部分学者将住居学理论与小尺度住宅设计对接，如祖刚根据住居学理论，总结了小户型住宅的设计原则和要点，为住居学与小尺度住宅设计对接建立了基础。

2.2.2.2　理论借鉴意义

住居学理论对微型居住空间研究主要有以下借鉴意义。第一，解决当前住户多样化需求与空间单一化之间的矛盾，从住户行为和心理需求入手，提升空间品质，提升住户的居住体验。第二，使微型居住空间内的模块和单元设计满足小而精致的要求，通过对人体和家具尺度的研究，减少不必要的闲置空间，提高微型居住空间的使用效率，减少资源浪费，实现提高居住空间经济性的目的。

2.2.3　开放建筑理论

2.2.3.1　理论发展概况

开放住宅最早源于第二次世界大战后的荷兰，在开放建筑理论的基础上对其进行了扩展。随着工业化住宅的发展，住宅紧缺问题得到了有效改善，但其标准化的建筑形态也受到了大量设计师和使用者的质疑。在此背景下，荷兰建筑师哈布拉肯在《骨架——大量型住宅的新方法》一书中提出“开放住宅”的概念，之后的“SI”“KSI”“CSI”体系住宅等都是在其基础上发展而来的（图 2.6）。

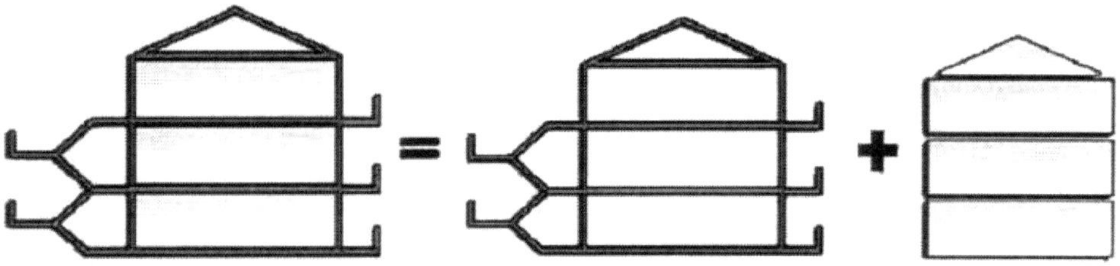

图 2.6 支撑体与填充体的关系

20 世纪 70 年代，日本为满足工业化住宅发展的需要，借鉴了荷兰的开放建筑理论，并推动了设计本土化发展。2003 年，日本的“都市再生机构”开发出“KSI”体系住宅，该体系能够极大地提高建筑寿命，基本解决居住环境多样化需求，在全国范围内进行了推广。

我国自 20 世纪 80 年代，也针对开放建筑理论进行了研究，但研究进程较慢，在相关体系的实践方面也不及荷兰、日本等国家成熟。张守仪（1981）详细论述了“支撑体”理论，为我国工业化住宅相关理论发展提供了借鉴。鲍家声（1985）在无锡建成了第一个支撑体住宅小区，也是我国首次对“开放住宅”理论做出的本土化实践案例。2010 年，在吸取日本 KSI 住宅发展经验后，住房和城乡建设部住宅产业促进中心发布了《CSI 住宅建设技术导则（试行）》，确立了具有中国住宅产业特色的建筑体系。

2.2.3.2 理论借鉴意义

开放住宅理论对微型居住空间研究主要有以下几点借鉴意义。第一，开放住宅理论倡导支撑体和填充体分离，填充体可以在不影响支撑体结构的情况下进行自由更新与替换，极大延长了住宅的寿命，促进了工业化住宅的绿色可持续发展。第二，开放住宅理论中的层级观念与微型居住空间内模块设计相符，灵活可变的模块可以满足居住者对开放性、私密性空间的不同需求，有助于提升居住品质。

2.3 国内外工业化住宅发展历程

住宅工业化的兴起可以追溯到 19 世纪。在工业革命、住宅紧缺的背景下，随着相关技术和材料的生产愈发成熟，工业化住宅以工厂预制、现场建造的优势得到大力发展，并且引发了传统住宅建造方式的变革。我国与日本、欧美等国家在政策背景、人文环境、技术手段等方面存在差异，因而住宅工业发展道路也各有不同。

本节通过梳理国内外工业化住宅发展概况，了解世界工业化住宅在各个发展阶段的技术瓶颈，阐明目前我国的整体发展水平，为微型居住空间工业化发展提供理论与设计基础。

2.3.1 国外工业化住宅发展历程

回顾国外的工业化发展历程，住宅工业化源于工业革命新技术的产生和战后城市的快速发展。工业化住宅能够在短时间内解决当时人们对于住房的迫切需求。可以说，住宅工业化是社会发展的必然结果，但其发展道路并不是一帆风顺的，每个阶段都有相应的发展问题。住宅工业化一直以“高效率”“高质量”“低消耗”为核心，顺应时代的变化，不断向前推进。

国外住宅工业化发展大体可以分为四个阶段：1890—1939 年的萌芽阶段，1940—1969 年以数量为核心的快速发展阶段，1970—1999 年以质量为核心的转变发展阶段，2000 年至今以绿色低耗、个性化为特征的全面发展阶段。

2.3.1.1 第一阶段（1890—1939 年）：工业化住宅萌芽阶段

19 世纪末，钢筋、混凝土等新型材料，由于具备坚固耐用、防火抗腐蚀等特性，在建筑建造行业广泛使用。由其所组成的结构为住宅，特别是为高层住宅的建设创造了条件，也促进了传统住宅建筑由实地建造向工厂预制的转化，为工业化住宅的发展提供了可靠的技术支撑。

20 世纪初，工业革命加快了城市化发展进程，城市人口数量迅速增加，造成了住房短缺问题。第一次世界大战进一步加剧了居民需求与住房短缺之间的矛盾。在此背景下，各国探索新的设计思路，以期在短时间内解决住房短缺问题。以钢筋混凝土为原材料的预制构件在公共建筑和大型桥梁领域已有应用，这为住宅快速建造提供了新思路。一部分建筑师将标准的预制构件应用到住宅设计和建造上，并在低层、多层住宅上取得了一定的实践成果。预制建造工艺得到了广泛关注，众多学者和建筑师纷纷对其进行探索，工业化住宅之路也开始萌芽。

1903 年，法国建筑师奥古斯都·佩特在舒瓦西的《建筑史》和克里斯托夫的《钢筋混凝土及其应用》的影响下，建设了第一栋明确展现框架的钢筋混凝土建筑——25 号公寓（图 2.7）。该公寓位于巴黎富兰克林街，靠近塞纳河、埃菲尔铁塔等，是当时巴黎的时尚区域。佩特借此表明，钢筋混凝土这种多用于工厂和仓库的材料，也可以用于公共建筑中。该公寓采用框架结构，摆脱了传统厚重的砌体承重墙结构，内部空间更为自由；立面采用两种陶瓷面砖，将框架和填充墙巧妙地区分开来，充分反映出佩特独特的设计构思和制造工艺，也为工业化住宅发展提供了新思路。佩特的建筑在一定程度上影响了柯布西耶的设计，其在自由平面、开窗和钢筋混凝土运用方面都有所创新。

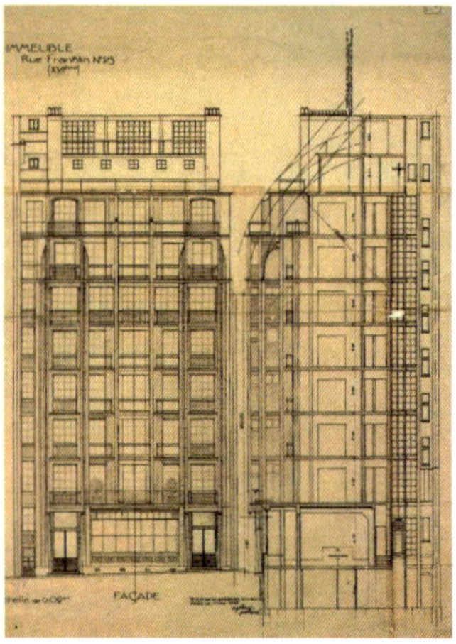

图 2.7 25 号公寓立面（组图）

（图片来源：http：//hidden architecture.net）

2.3.1.2 第二阶段（1940—1969 年）：工业化住宅快速发展时期

第一次世界大战后，工业化住宅发展缓慢，住房短缺问题也并没有明显改善。随着第二次世界大战的结束，战争灾难性的破坏进一步加剧了这些问题，严峻的现实促使各国纷纷将工业化住宅作为快速建造的手段，通过大规模建设廉价住宅来满足人民基本的住房需求。这类住宅在设计方面进行了简化，建筑平面以规则的矩形为主，多采用钢筋混凝土框架结构，内部功能空间比较单一，没有被隔墙分离，这样做不仅能保证施工速度和结构的完整性，还可以降低造价。以数量为核心的工业化住宅设计方式，本质上是将工厂、仓库设计建造方式向住宅的生硬转移，是基于当时背景下的一种无奈的妥协，虽然促进了住宅工业化快速发展，但由于缺乏细节考虑，造型简单、功能单一、外形千篇一律等问题，也为之后的工业化发展埋下了隐患。

在这一时期，欧洲各国依据自身经济状况、政治体制、技术条件，对工业化住宅进行了本土化实践。英国是工业化住宅发展最早的国家。莱茵建筑体系不仅解决了第二次世界大战后劳动力短缺造成的建造缓慢问题，还通过预制混凝土墙板或楼板进行标准化操作，完善了工业化住宅体系，促进了住宅本土化发展。法国以卡缪大板体系、瓜涅大板体系为标准，开展了预制混凝土大板和工具模板现浇工艺以及通用构配件制品和设备方面的研究。德国采用标准化、定制化的设计手法，创造了“QP64”“71”“72”和“WBS70”等平面系列，还举办了现代住宅展和现代建筑国际会议（CIAM），对工业化发展起到了推动作用。荷兰发展了 SAR 理论，通过“支撑体”和“可分体”使工业化住宅兼顾标准化和个性化，可进行灵活改造，后来发展为开放建筑理论，为我国和日本的工业化住宅发展指明了道路。1957 年，德国柏林举办了国际住宅展，此次展览重点展示了第二次世界大战后欧洲各国在住宅方面的发展状况，还展示了工业化住宅的优秀案例，这些住宅比较重视工业化技术手段和施工工艺，能够满足数量和建造速度的要求，然而，在住宅内部空间及外立面设计上则考虑不足。

战后时期，受国际化和现代建筑运动的影响，一部分建筑师脱离了工业化住宅对“量”的考虑，通过采用预制构件和工业化建造手段，探索一种新型住宅形式来改变当时人们的需求和行为。这种住宅往往不是一种供给手段，而是一种尝试改变现有生活方式的高质量住宅。这种逆向设计思维产生了诸如柯布西耶的马赛公寓、萨夫迪的蒙特利尔栖息地 67 号等优秀作品，这些住宅改变了传统的设计思路，引领工业化住宅朝下一个阶段迈进，成为工业化住宅发展史中具有里程碑意义的作品。

1. 工业化住宅里程碑之作——马赛公寓

马赛公寓是该时期最具特色的工业化住宅，是第一个以预制混凝土板外墙板覆面、现浇钢筋混凝土框架结构的大型建筑，也是柯布西耶最具代表性的作品之一。马赛公寓从 1947 年开工至 1952 年建成，占地 3.5 万平方米，建筑体长 165 米，宽 24 米，高 56 米，共 18 层，内部拥有 23 种不同的居住套型，共 2 337 户，可供 1 500~1 700 名居民居住。除居住单元外，公寓的 7~8 层设置了商店单元，17 层设置了幼儿园和托儿所，顶层设有屋顶花园、游泳池等，能够满足居民的基本日常生活需求。马赛公寓应用模数化理论，通过对标准、可动的居住单元进行组织，体现了柯布西耶对未来城市的构思和建筑设计新观点。

马赛公寓为现浇混凝土框架结构，采用格子板预制构件与实体墙的覆面板两种预制混凝土外墙板部件。通过竖向预制构件的合理组合，营造出清晰的建筑外立面和结构系统：在竖向构件的中心线位置设置水平向构件，使得整栋建筑物外观粗犷，但不缺章法。马赛公寓将“粗鲁”“看似随意”的外立面处理，与室内精致的构造细部、现代的建造技术相碰撞，产生了强烈的对比效果，彰显了工业化住宅的经济价值和美学效果（图 2.8）。

2. 盒式结构住宅代表性作品——蒙特利尔栖息地 67 号住宅

1967 年，加拿大建筑师萨夫迪以《人类的土地》为理念，在圣劳伦斯河畔设计了由米黄色立方体组成的蒙特利尔栖息地 67 号住宅（图 2.8）。该住宅由三个独立的公寓群、共 354 个居住模块组成，其中每个模块的平面尺寸为 60 m^2，每个模块的厨房、卫生间、卧室等功能空间也实现了模块化的预制。

蒙特利尔栖息地 67 号住宅的模块设计既包含了装配式的特点，又具有错落有致的美学形态，保证了住户对花园和阳台的要求；同时也表明了未来工业化住宅人性化、绿色低耗的发展方向。

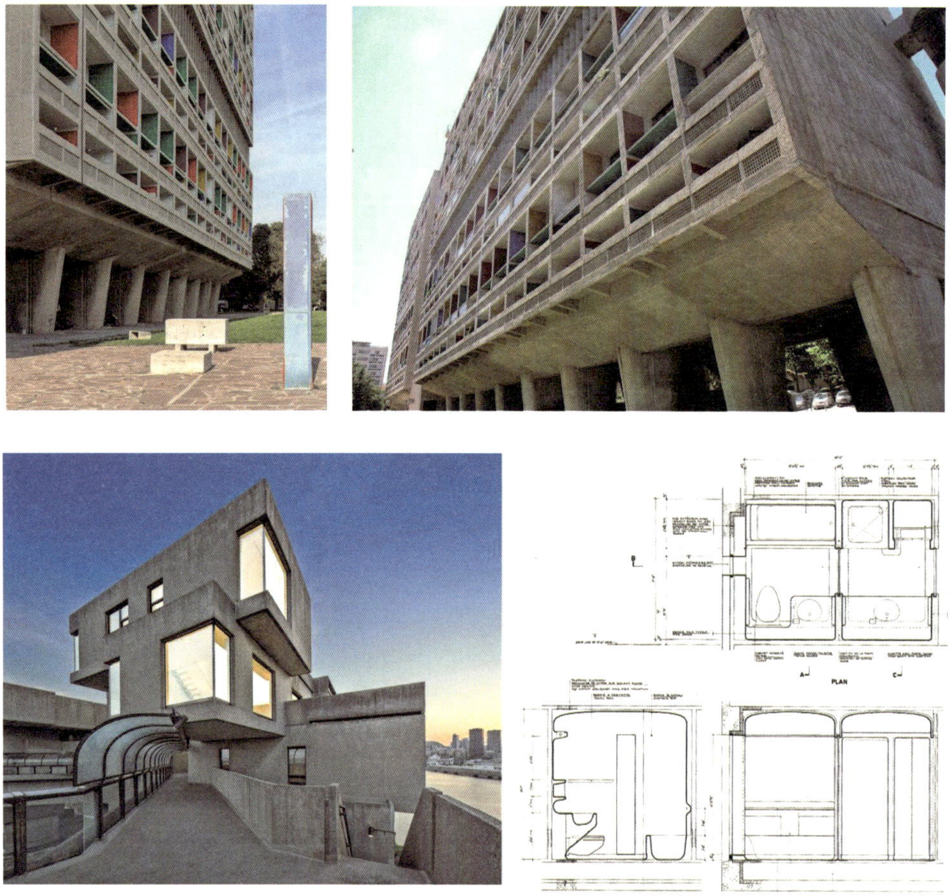

图 2.8　马赛公寓和蒙特利尔栖息地 67 号住宅外立面（组图）

（图片来源：http：// archdaily.com）

2.3.1.3　第三阶段（1970—1999 年）：工业化住宅转变发展时期

1940—1970 年，住宅供应不足成为欧洲各国面临的主要问题。在工业化住宅的建造方面，欧洲各国重点关注整体数量而不是个体质量。英国、法国、荷兰等欧洲国家在这段时间主要解决住宅数量短缺的矛盾。1970 年后，石油危机大大影响了各国的经济发展，居民对住宅的需求降低。随着危机的减退，房地产市场逐渐复兴，第二次世界大战后建造的住宅面临老化问题，城市更新一跃成为建设工程的主流发展方向。与此同时，人们的居住观念发生了巨大的变化，他们反对工业化住宅一味追求速度的建造模式，更希望拥有功能多样、造型美观的新型住宅。基于这两方面原因，很多国家通过设置机构监督、限制规模、改变住宅体系等措施对工业化住宅设计建造手段进行改进，使工业化住宅由数量发展向高质量、高效率、低能耗发展方向转变。日本在此阶段拥有大量的设计经验，其成果也是有参考价值的。

20 世纪 70 年代，日本借鉴荷兰的开放建筑理论，建立了支撑体和填充体结构体系。

在本土化建造过程中，国家机构、各地住宅公社等部门的科研项目发挥了重要作用。在住宅供给研究方面，政府提出了二阶段供给方式、自由套型租赁等；在建造技术项目方面，政府主导了 SPH（Standard of Public Housing，公共住宅标准）项目、KEP（Kodan Experimental Housing Project）项目、NPS（New Planning System）项目等；在综合开发项目方面，研发了 CHS（Century Housing System）体系、NEXT21 实验开发项目等。这些研究和实践项目推动了日本工业化住宅朝高品质方向发展，也给我国装配式工业化住宅的发展提供了借鉴。

1. 本土化早期尝试 NPS、KEP 项目

NPS 项目于 1975 年由日本建设省开发，此项目不仅能满足住宅工业化的生产要求，还可以满足住户多样化的设计需求。NPS 项目统一了建筑模数协调制，推行了标准设计体系，也使部品、构件的通用性和互换性得到保证。NPS 项目根据套型标准和面积将套型分为五种基本结构平面，通过五种平面自由组合形成不同的标准层平面，满足住户规模扩增、住宅形态变化等需求，同时为创造灵活舒适的居住空间提供了一套标准，促进了工业化住宅高品质发展。

KEP 项目自 1973 年开始进行研究，于 1981 年结束。其通过将组成工业化住宅的主体结构、外围护结构、内装部品分类设计，从而达到高品质住宅的标准。该体系建造分为四个步骤，每一步骤中所采用的部品都拥有与之对应的标准规范和尺度限制，并要求工厂以此进行生产。KEP 项目根据不同的部品组合，实现住宅的多样性与可持续性；通过可参与式的设计与建造，大幅度提升住户使用和居住体验。

2. 本土化适应发展——CHS 体系、NEXT21 项目

百年住宅建设系统 CHS 体系由日本建设省于 1980 年首次提出，是基于提高住宅耐久性和空间部品灵活性的住宅建设“提升计划”。该体系不仅承接了 KEP 项目关于住宅灵活性的思考、标准化部品装配、用水空间和居室空间划分思想，还综合了 NPS 项目关于标准化和多样化的研究，采用通用部品，并将其进行技术集成和系统升级，最终形成新的建设体系。日本围绕 CHS 体系研究开展了“百年住宅建设系统认定事业”，该项目从 1988 年一直延续至今，其中百年住宅被定义为提供舒适的、可持续的居住生活的住宅。

1993 年，工业化实验住宅 NEXT21 项目由大阪燃气株式会社开发，以探讨适合 21 世纪居住为议题，是第二次世界大战以来日本住宅新思潮的精华。该住宅采用 SI 体系建造（图 2.9），底层部分层高 4.2 米、开间 10.8 米；上层部分层高 3.6 米，开间为 3.6 米和 7.2 米两种组合。建筑采用高适应性结构，墙体与管线完全分离，套内完全架空，每个套型从空间到细部设计均不相同。自 1994 年，该项目一直持续根据居住者需求进行空间改造实验，充分阐释了其灵活性。

图 2.9　NEXT21 项目（组图）

（图片来源：https：//councilonopenbuilding.orgm）

2.3.1.4　第四阶段（2000 年至今）：工业化住宅全面发展时期

进入 21 世纪，发达国家的技术手段和实践经验通过互联网传播，使得大众可以足不出户就能深入学习其理论与经验，促进了全球范围内的住宅工业化由品质化向智能化、节能化、数字化的全面发展。在这个阶段，住宅进一步强调空间的灵活性和居住的可持续性，提倡使用数字化设计技术和人工智能技术来解决与住宅建造相关的复杂工作，注重绿色节能和环境生态；通过高品质、高效率和高标准的生产建造方式，为居民提供可随自身需求进行更新、改造的长寿住宅。

日本、新加坡等国家的工业化住宅已经发展到相对成熟的阶段，并且依靠自身先进的技术手段和丰富的实践成果，基本完成理论的本土化发展。如美国的住宅工业化，虽然没有受第二次世界大战影响，也没有走欧洲大规模预制的道路，但其住宅预制构件和部品的个性化、标准化、产业化程度很高。英国目前 30%新建住宅为工业化住宅，苏格兰接近 70%的新建住宅为预制住宅。此阶段的工业化住宅发展，以日本 KSI（结构支撑体和填充体住宅）体系和新加坡模块化住宅（Prefabricated Prefinished Volumetric Construction，简称 PPVC）体系最具代表性，可为我国在新时期发展工业化住宅提供宝贵的经验。

1. 日本——KSI 体系

KSI 体系主要通过全降板技术、胶带电线工法和缓坡排水系统，大幅度延长住宅使用寿命。KSI 住宅从居民居住需求和社会持续发展的角度出发，不仅提倡构建长效耐用的住宅，促进城市的高品质发展；还通过开发满足住户各项居住需求的可变住宅体系，探讨满足新生活方式背景下的住宅设计与建造方法。

目前，KSI 体系对于日本公共租赁住宅有很强的参考价值，很多实践项目都根据此体系进行建设，并取得了不错的效果。如目黑区的 KSI-SOHO 项目、KSI 住宅项目、复合型高层 KSI 住宅项目等，这些项目利用租赁的方式与工业化住宅对接，在一定周期内实现了社会资产增值、提高城市街区活力和降低资源消耗的目标。

2. 新加坡——PPVC 体系

2017 年，新加坡建设局推出了行业转型蓝图计划，适合本土化发展的 PPVC 体系就此产生。此体系以“模块盒子”为基础，提高工业化住宅的生产和施工效率。模块化的盒子空间，是一种根据模块化理论，采用标准模数生产出的矩形规则单元，其拥有装配集成度高、施工周期短等优点。早期的蒙特利尔栖息地 67 号住宅和中银胶囊公寓都是此类建筑的典型代表。近年来，PPVC 体系被广泛应用于高层工业化住宅领域，并且占全国住宅总数的 80%，其特点是装配预构件标准化、设计和施工工业化，装配率可达到 70%。新加坡也被视为国际上解决工业化住宅全面发展问题的成功典范（图 2.10）。

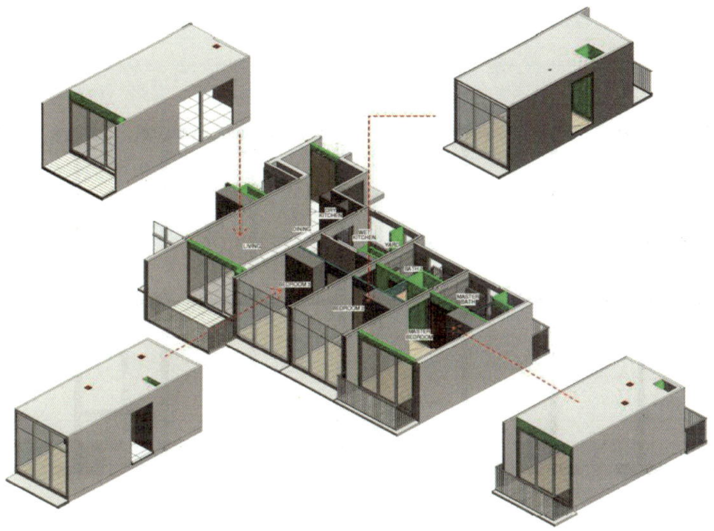

图 2.10　PPVC 体系

（图片来源：http：// dragageshk.com）

2.3.2　我国装配式工业化住宅发展历程

自新中国成立后，我国始终致力于发展建筑行业，积极探求工业化建筑的新技术、新方法。住宅设计作为其中核心的一环，在工业化建筑发展中起到重要作用。目前，我国装配式住宅设计方法和技术快速发展，尤其是在数字化建造、模块化设计方法等方面取得较大成果，但仍旧处于起步阶段。我国装配式住宅技术发展历程可分为三个主要阶段。

2.3.2.1　第一阶段（1949—1969 年）：工业化住宅初步创建阶段

此阶段为装配式工业化住宅相关技术的初创期，我国积极向苏联探索优秀技术手段，引进了苏联的建筑设计标注、设计方法和建造技术，并以此探索出一套初期以砖混结构为主，之后大力发展 PC 大板结构的住宅建造方法。我国在这个时期所面临的问题，与国外发展的第一阶段类似，都是住宅短缺问题，所以我国的工业化住宅以节省成本和快速建造为主要目标，而对内部空间品质、工业化建筑部品考虑欠缺，总体上技术水平较低。

1955—1960 年期间，我国设计师在与多位苏联建筑工程专家交流之后，开设了多个建筑工业化试点、相关研究所、预制构配件厂等。此阶段，工业化建造技术多用于工厂、库房的建设。1955 年，我国设计了第一套住宅通用图——“二型住宅”（图 2.11）。二型住宅强调“标准化”“工业化”，使用一种固定尺寸，厨房、卧室、楼梯间等间距较大，每个单元只在三层以上设置阳台。在结构部件上，二型住宅大多采用预制钢混柱、预制大跨度钢架以及预制屋面等。由于技术和设备的落后，大部分构件在施工现场混制，严重制约了工业化住宅甚至整个建筑行业的发展，这种情况一直到 1960 年以后才逐渐改善。

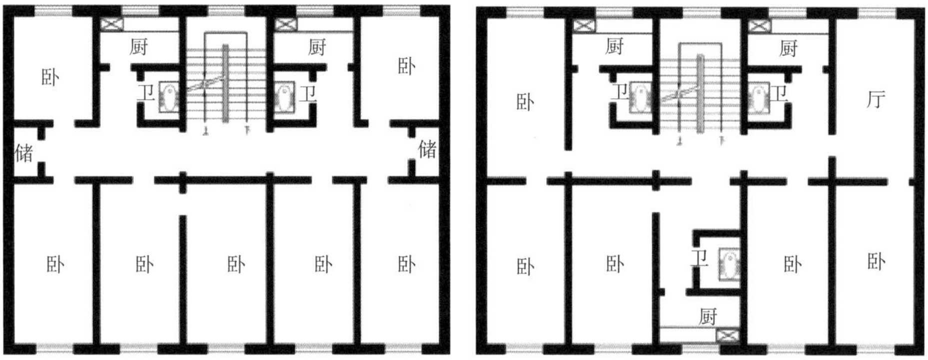

图 2.11　二型住宅平面

20 世纪 60 年代，东北、北京、天津等地区兴建了一批装配式构件厂，主要用于生产住宅建筑的中小型构件；北京市建筑设计院也通过发布《北京市结构构件通用图集》，促进了标准化预制构件的快速生产。1949—1969 年间，我国借鉴苏联的装配式技术进行了一系列住宅前期探索设计，然而这种单一模仿苏联经验的住宅通用设计方式，显然不能满足中国当时的住宅设计需求，设计过于强调固定的尺寸，厨房、卫生间、楼梯等空间采用与卧室相同的设计尺寸，造成了居住面积偏大、空间资源浪费、使用不方便等问题。

2.3.2.2　第二阶段（1970—1999 年）：工业化住宅本土化探索阶段

1970—1999 年是我国工业化住宅技术本土化的探索时期，从苏联借鉴来的经验、技术已经不能满足当时中国迫切的居住需求。工业化住宅需要从生产方式、技术手段及产品质量方面进行本土化改革。20 世纪 70 年代，全国开展了以设计标准化、构配件生产工厂化、施工机械化和以墙体改造为核心的建筑工业“三化一改”运动，工业化住宅迎来了本土化探索新的高潮。

此阶段中，我国创造性地采用“半装配式”建造理念，结合预制装配式与现浇装配式技术手段。此种方式具有建造周期较短、投入资金较低、使用本国的施工设备进行建造等多种优势，一经推出便取得了很大成功，很快在全国范围内推广。1973 年，我国建造了 10 层以上的高层住宅——外交公寓（图 2.12），该住宅采用“半装配式”建造理念，将梁、板、柱与结构墙预制构件接头处浇筑为整体。在此期间，我国的工业化住宅打破了“苏联式”的标准定型图概念，用统一的建筑模数和预制构配件组织多样的套型平面，建造快速，结构完整。我国工业化住宅在这一时期迎来了短暂的发展高潮期，技术和建造手段多样。“半装配式”建造理念正好与中国当时的时代背景相符合。

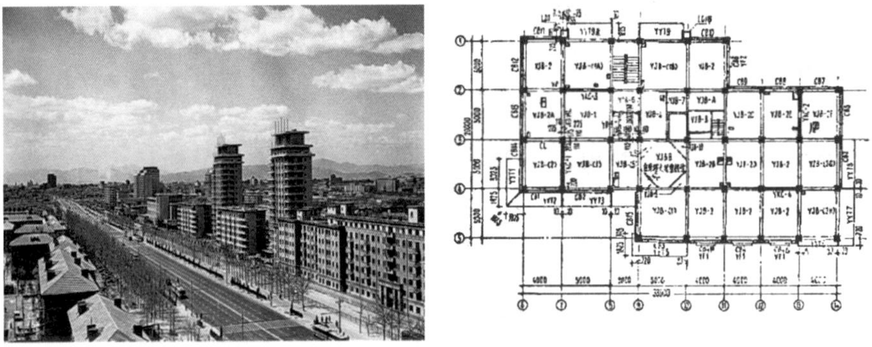

图 2.12　外交公寓立面和结构图（组图）

（图片来源：http：// precast.com）

随着 1978 年改革开放，国民经济进入快速发展期，居民对住房数量和质量的需求进一步提高，大规模城市建设被提上了日程。为解决此类问题，我国系统学习研究法国、德国、美国等国家先进的建筑设计方法和技术手段，并且多次与日本等先进国家进行交流与合作研究，这也促使工业化住宅发展除了继续关注结构体外，对工业化住宅结构、建造手段和内饰进行了一定的工业化探索。

1970—1999 年，我国进行了工业化住宅设计实践。如针对砖混结构住宅标准化和多样化的研究，相关部门于 1984 年开展了全国砖混住宅方案竞赛。根据开放住宅理论研究，我国于 1986 年在无锡进行了支撑体住宅相关实践。1988 年，中日两国共同合作了“中日 JICA 住宅”项目等。这些都为我国工业化住宅发展奠定了基础，其研究成果，如标准化设计方法、功能空间部品研究、模数协调制度和小康住宅十条标准一直影响至今。

2.3.2.3　第三阶段（2000 年至今）：工业化住宅适应性转变阶段

21 世纪后，在全球可持续和绿色建筑概念影响下，我国继续推进支撑体和填充体分离的住宅理念。2006 年，中国建筑设计研究院提出了我国工业化住宅“百年居住 LC 体系”（Life Cycle Housing System）。2009 年，中国建筑标准设计研究院在第八届中国国际住宅博览会上提出了概念示范屋“明日之家”。2010年，住房和城乡建设部住宅产业中心提出了基于中国国情发展的CSI住宅建设技术导则。CSI关于对住宅支撑体和填充体分离的要求更为彻底，对住宅内装工业化也更为重视，强调结构、设备、管线、内装的综合和技术的集成。2012年，中国建筑标准设计研究院通过长期研究与实践，提出了“中国百年住宅技术体系”，进一步推动了住宅工业化的全面发展，并进行了多项装配式住宅和内装一体化实践（图2.13）。

图2.13　中国建筑标准院设计的装配式住宅和内装（组图）

（图片来源：http：//www.cbs.com.cn）

随着我国经济的快速发展，人民生活水平不断提高，与人民生活密切相关的住宅设计及相关理念也在不断推陈出新。装配式工业化住宅作为一种新型建造类型逐渐被大众所接受，并在政府大力推动下得到快速发展。2014年，中央及地方政府通过出台多个政策和法规文件，如上海制订的《上海市绿色建筑发展三年行动计划（2014—2016）》、厦门制订的《新型工业化实施方案》等，使装配式住宅得到了快速发展。2016年9月，国务院办公厅印发了《关于大力发展装配式建筑的指导意见》，指明了装配式住宅朝着绿色节能、质量高效的方向发展。2017年3月，住房城乡建设部印发了《“十三五”装配式建筑行动方案》，进一步明确装配式住宅的发展目标，提倡加强相关体系和材料的应用。2020年8月，住房城乡建设部发布《关于加快新型建筑工业化发展的若干意见》，继续推动建筑工业化全面转型升级，大力推动企业建设高品质的装配式建筑项目。2021年是“十四五”的开局之年，同时也是装配式建筑快速发展的新阶段，在国家贯彻新的发展理论和实现各行各业高质量发展的背景下，应继续探讨装配式建筑新的设计方法和建造技术，为人民获得更好的居住空间、更多样的生活模式而不断前进。

2.4　小结

本章系统介绍了微型居住空间、模块、模块化和模数协调的相关概念，对微型居住空间的尺寸和特性进行界定，对模数、模块和模块化的起源与发展，模数协调的规则和适用范围进行了系统说明；梳理了模块化理论、住居学理论和开放住宅理论的发展情况、设计特点、实践应用范围和理论借鉴意义；按时间发展阶段总结了国内外装配式工业化住宅的发展历程，说明了世界工业化住宅在各个发展阶段遇到的技术瓶颈，指明目前我国工业化住宅技术的整体水平与位置，为第四章微型居住空间功能模块优化设计及第五章实践项目奠定了理论基础。

第三章 装配式微型居住空间品质与需求实态调研

3.1 调研背景、方法及内容

3.1.1 调研背景分析

“十四五”时期是我国全面建成小康社会、实现第一个百年奋斗目标之后，乘势而上开启全面建设社会主义现代化国家新征程、向第二个百年奋斗目标进军的第一个五年，也是装配式建筑快速发展的新阶段。装配式建筑发展既面临着挑战和困难，也面临着难得的发展机遇。从发展机遇层面看，装配式建筑可以从全面建设生态文明、新型城镇化道路，建设美丽中国等方面开创新的发展方向。

天津是装配式建筑发展的重要区域。党中央对天津快速发展寄予厚望，通过加强“一基地三区”的功能定位，推动京津冀协同发展，建设自由贸易试验区、国家自主创新示范区和滨海新区等，进一步推动了装配式建筑在天津的快速发展。同时，人民群众对节能环保有了更为深刻的认识，也更加关注建筑居住品质、舒适度和物理能耗等评价要素。天津市经过多年探索，在装配式建筑设计、快速生产、建造和后期管理水平方面取得了丰硕的成果，新技术、新材料和新设备飞速发展，为天津市装配式建筑实现更好、更快发展提供技术支持。

自 2009 年住房城乡建设部批准天津住宅建设发展集团有限公司成为国家住宅产业化基地以来，天津市积极推动装配式住宅相关试点建设。随着北辰区双青新家园、静海区尚林苑（白领公寓）试点项目快速建设，混凝土装配整体式剪力墙结构体系、装配整体式框架结构体系、钢结构模块化建筑体系以及结构装修一体化装配式建造技术愈发成熟。2012 年，滨海新区建设了国内首个木结构装配式建筑——泰达悦海酒店式公寓。2016 年“中加合作多层木结构示范项目”启动，该项目计划完成 100 套独栋“平台式框架”轻型木结构建筑。到 2016 年底，天津市装配式建筑面积高达 65 万平方米，其中混凝土结构装配式建筑预制率可达 80%，装配式建筑得到了极大的发展，相关技术已成体系；2018 年 1 月，天津市住房和城乡建设委员会印发了《天津市装配式建筑“十三五”发展规划》，制定了 2016—2020 年天津市装配式建筑发展规划。至 2019 年，天津市已建成 7 个装配式建筑产业基地，装配式建筑从设计、生产到建造已基本形成一体化发展模式，带动了一系列产业发展。2020 年 10 月，天津市住房和城乡建设委员会发布了住房和城乡建设领域“十四五”规划意见征集和主要提纲，内容围绕建筑能效提升、绿色建筑和装配式建筑发展等重点方向，进一步规范发展公租房，大力推动装配式建筑朝高品质、高效化、智慧化方向发展。

2020 年是国家“十三五”建筑业信息化的收官之年，在新一轮科技和产业变革背景下，装配式建筑正面临着新的变革，天津将继续贯彻国家住房发展建设精神，紧扣承接北京非首都功能疏解、“海河英才”行动计划、五年行动计划等发展战略，进一步促进装配式建筑发展。

3.1.2 调研对象选取

通过对天津市及周边的装配式示范项目进行筛选（表 3.1），本研究选取了多个采用装配式建造技术的住区进行实地调研与走访。在考察、走访大量示范项目后，确定以北辰区的两个住区（双青新家园荣悦园、荣畅园）作为代表性研究对象。目标小区住户多为中青年群体，且小区户型多为“帮助中低收入家庭解决住房困难”的限价房，符合研究对象要求。调研小区建成年代在 2010 年以后，容积率为 1.5~4.5，其中包含多层高密度和高层高密度、低档、中档等不同类型的居住区；为符合微型居住空间要求，多选取面积为 40~60 m^2 的微型居住空间进行走访和调查。

此次调研选取了多位受访者，并进行入户调研，以荣悦园 8 号楼及荣畅园 7 号楼、16 号楼的住户为核心，调研以拍照和笔记等方式记录住宅设计和使用现状，以居民访问、填写调查问卷等方式记录其使用感受和使用需求。

表 3.1 天津市及周边装配式示范项目

项目名称	层数	住宅类型	预制构件
北京顺义区后沙峪枫泉花园	15 层	住宅	预制叠合板、楼梯、空调板
亚林西公共租赁房住宅项目	20~24 层	保障性住宅	空调板、楼梯
通州阳光城台湖项目	21 层	保障性住宅	预制叠合板、外墙、楼梯、空调板、阳台板
平乐园公共租赁房项目	24 层	保障性住宅	预制叠合板、外墙、楼梯、空调板、阳台板
天津双青新家园荣畅园 7、16 号楼	27 层	住宅	预制夹心保温外墙板、预制内墙板、叠合梁、叠合楼板、预制楼梯、预制空调板

续表

项目名称	层数	住宅类型	预制构件
天津双青新家园荣悦园 8 号楼	18 层	住宅	预制叠合板、外墙、楼梯、空调板、阳台板
天津万科锦庐园	5 层	商品住宅	预制外墙、预制楼梯、预制叠合阳台
怀柔区庙城镇庙城村棚户区改造项目安置房	24 层	保障性住宅	预制叠合板、外墙、楼梯、空调板

3.1.3 调研计划及内容

调研时间为 2020 年 9—11 月，基于受访者亲身经历，针对装配式住宅室内空间使用现状问题及自身需求对受访者进行采访。调研分以下两部分内容进行。第一部分为基本居住状况调查，通过网络查询和实地调研对住区的区位、建成年代、人口规模及相关套型设计进行记录。通过调查问卷了解受访对象性别、年龄、当前居住形式、所住面积等。第二部分为住宅使用需求调查，通过面谈或电话访谈的方式调查住户对装配式住宅的使用需求。受访者需结合调查问卷回答以下 5 个方面的问题。

（1）购房时是否了解装配式住宅。此问题是整个访谈的前提，在被访者回答“是”后转移到下部分内容，若被访者回答“否”，则会为其初步介绍装配式概念及相关特点，然后再转移到下部分内容。

（2）基于自身感受对房屋套型设计进行评价，此评价为 5 分制，从 5 分到 1 分分别为非常满意、比较满意、一般、不太满意、非常不满意。若被访者的评分为 4~5 分则继续回答以下部分内容；若为 1~3 分则继续回答“套型设计有哪些地方需要改善提升”等问题，回答结束后方可继续回答以下部分内容。此部分内容主要了解装配式住宅关于套型布局、卧室、客厅、厨卫等设计不足点，便于对接之后的装配式模块化设计。

（3）基于自身感受对居住舒适性进行评价，评分方式同上。此部分内容主要了解受访者对装配式住宅在采光、通风、隔声等方面的感受，便于对接模块墙体、顶棚等细部节点构造设计。

（4）基于自身感受对居住安全性进行评价，评分方式同上。此部分内容主要了解受访者对无障碍设计（包含阳台、栏杆高度、防滑设计、无障碍扶手设计等）的需求程度。

（5）基于自身感受对房屋质量进行评价，评分方式同上。此部分内容了解受访者对房屋主体、装修质量的评价，以及汇总装配式房屋质量问题等。

3.2 基本情况统计分析

通过问卷和访谈的形式对装配式住宅的使用者进行入户调研，调查内容涉及房屋套型设计、房屋舒适性、房屋质量三个方面。共发放装配式住宅空间品质满意度问卷 123 份，回收 108 份，其中有效问卷 90 份。对这些数据进行科学分析，从而了解装配式住宅空间设计与实际使用区别，掌握居住者在装配式住宅中的生活实态及在居住过程中产生的问题。

3.2.1 住户年龄、家庭结构及套型面积统计分析

3.2.1.1 住户年龄分布

如图 3.1 所示，在调研的 90 个样本中，男女各 45 人，比例平均，其中年龄在 31~40 岁的中青年住户最多，占比为 45.83%，他们所购买的房屋为限价房，他们多数为工作 5 年以上的基层服务人员，符合研究对象的要求。其次是 61~70 岁的老年住户，占比为 20.83%，他们多在市区拥有一定数量的房产，根据改善居住需求在此地重新买房。也有一部分 20~30 岁的青年人，占比为 8.33%，他们多以合租的形式入住，一方面，在持续增长的房租压力下，合租形式有助于减少开支，另一方面，合租能够满足青年群体的社交需求。

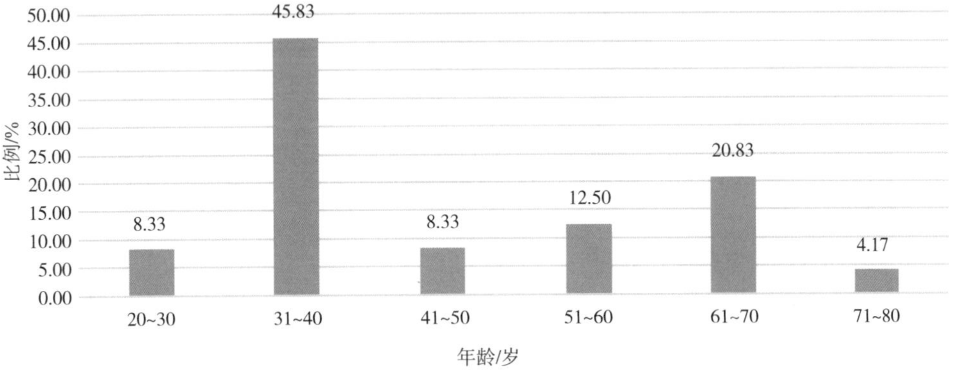

图 3.1　住户的年龄分布

3.2.1.2 家庭人口构成

如图 3.2 所示，在 90 个样本中，家庭人口构成为“二人世界”的占比最高，为 41.67%，“二人世界”的家庭结构多为青年情侣或年轻夫妻；其次为比较完整的“三口之家”，占比为 25.00%；“三代同堂”和“独居”的占比分别为 16.67%和 12.50%。

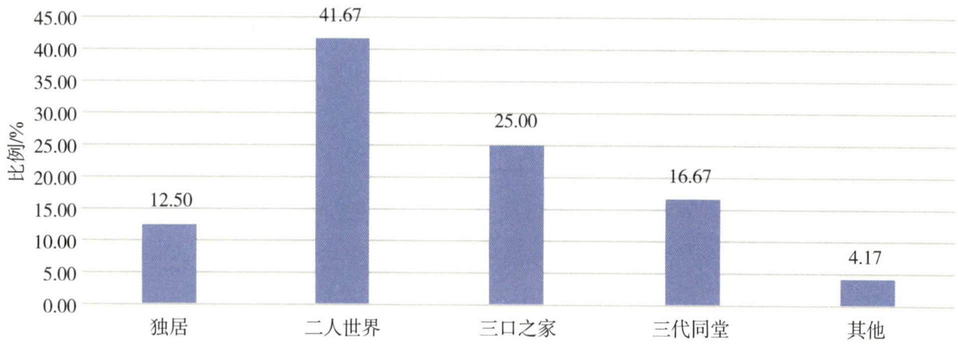

图 3.2 住户的家庭人口构成分布

3.2.1.3 居住套型面积

如图 3.3 所示，在 90 个样本中，建筑面积为 51~60 m^2 的套型最多，占比为 41.67%；51~60 m^2 套型基本符合微型居住空间的面积要求，具有一定的有效性和客观性；另外，61~70 m^2 套型占比为 16.67%，71~90 m^2 套型占比为 41.67%。

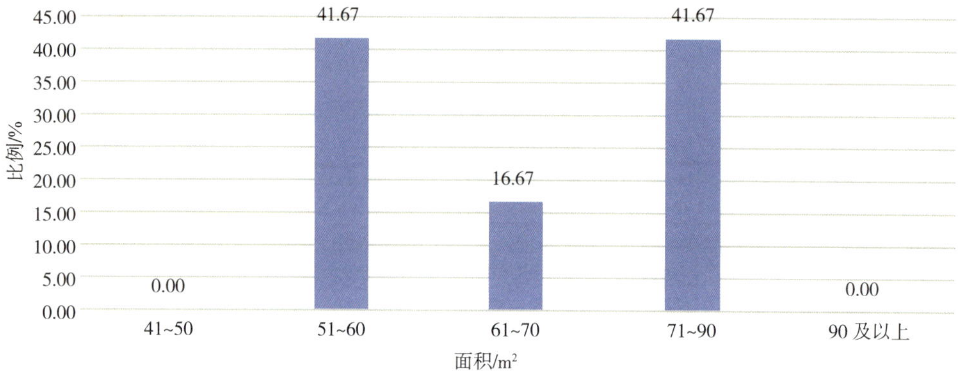

图 3.3 住户的建筑面积分布

3.2.2 装配式认知情况调查

虽然天津大力普及装配式住宅，但很多受访对象对装配式住宅的相关概念了解很少（图 3.4），甚至在采访后才知道自己住的是装配式住宅。调查结果显示，“装配式”概念在开发商和销售人员的认知里多为消极意义，因而在住宅销售时，他们尽量不提及或少提及。这也是除房屋自身质量问题，装配式房屋不被大众认可的主要原因。同时，对装配式的认知程度跟受访者的年龄有关。老年居民往往对装配式住宅了解较少，中年和年轻居民多数了解基本的装配式住宅概念，但对房屋的质量问题存疑。

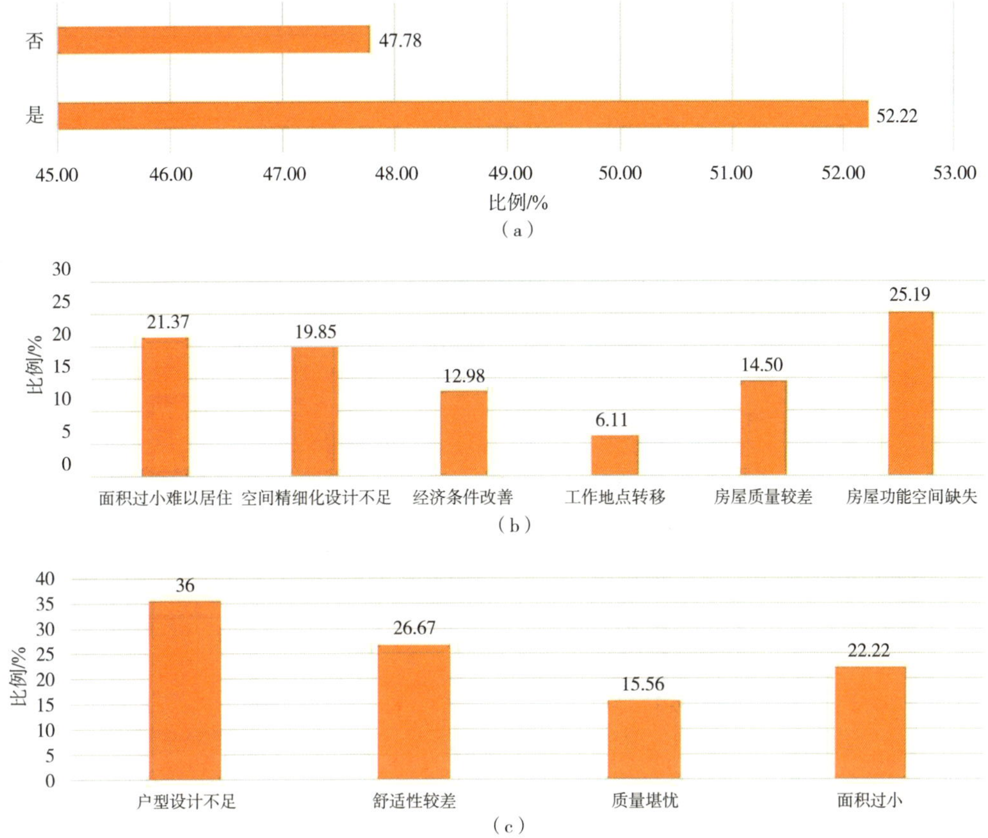

图 3.4　居民对装配式住宅认知情况分布

（a）居民是否了解装配式住宅统计；（b）居民搬出装配式住宅的原因；（c）居民不再购买此类住宅的原因

针对现有的装配式住宅的居民，未来可能搬出装配式住宅的原因有：房屋质量较差；家庭人口增加，面积过小难以居住；经济条件改善，不满足居住需求；工作地点转移等（图 3.4），其中房屋功能空间缺失与面积过小难以居住为最主要的原因，分别占 25.19%和 21.37%。现有的装配式住宅的居民，以后不再购买此类住宅的原因有：户型设计不足、舒适性较差、质量堪忧等，其中户型设计不足和舒适性较差为最主要的原因，占比分别为 36%和 26.67%。

3.2.3　套型平面分析

3.2.3.1　荣悦园小区

此次调研的荣悦园小区套型共四种，其中一室的套型一种，两室的套型三种，具体的套型面积指标和空间布局分析如下。

（1）套型 A：该套型为两室两厅一卫（图 3.5），建筑面积为 65.92 m^2，套内面积为 60.35 m^2。其中卫生间面积为 3.77 m^2，厨房面积为 3.69 m^2，主卧面积为 9.44 m^2，次卧面积为 6.82 m^2，客厅面积为 23.55 m^2，无阳台和储藏间。该套型布局比较紧凑，但缺少储藏间和玄关，厨房面积可适当放大。

（2）套型 B：该套型为两室一厅一卫（图 3.6），建筑面积为 50.24 m^2，套内面积为 46.64 m^2。其中卫生间面积为 2.80 m^2，厨房面积为 2.95 m^2，主卧面积为 9.31 m^2，次卧面积为 5.38 m^2，客厅面积为 14.92 m^2，阳台面积为 2.48 m^2。该套型卧室和客厅朝南，布局较为紧凑，但厨房面积过小，没有预留冰箱位置及储藏空间，走道面积过大，缺少餐厅和玄关，阳台面积过小。

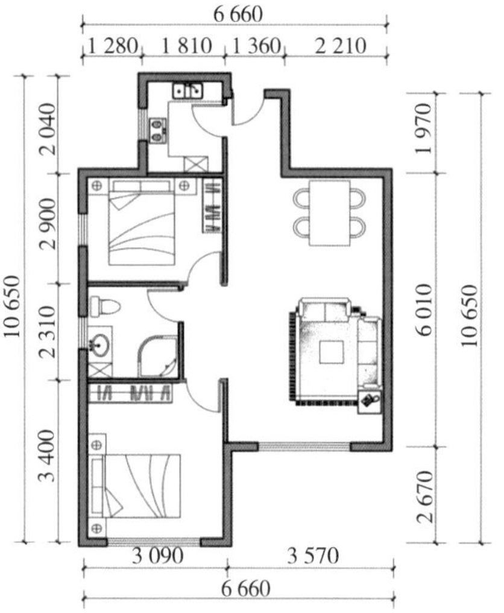

图 3.5　荣悦园套型 A 平面图（单位：mm）

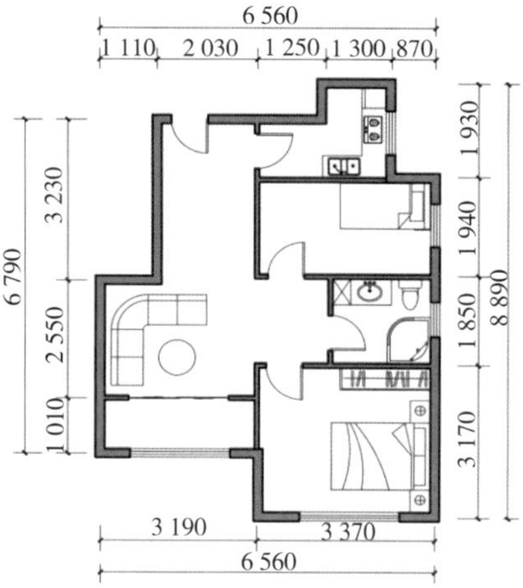

图 3.6　荣悦园套型 B 平面图（单位：mm）

（3）套型 C：该套型为两室两厅一卫（图 3.7），建筑面积为 86.31 m^2，套内面积为 76.11 m^2。其中卫生间面积为 6.48 m^2，厨房面积为 2.60 m^2，主卧面积为 15.39 m^2，次卧面积为 13.39 m^2，客厅面积为 36.58 m^2，无阳台和储藏间。该套型南北通透，布局较为合理，但厨房面积过小，部分住户已将厨房隔墙拆除，将其改造为开放式厨房，卫生间面积过大，整体平面设计可更加紧凑，可将剩余面积设计为储藏间。

（4）套型 D：该套型为一室两厅一卫（图 3.8），建筑面积为 75.21 m^2，套内面积为 68.64 m^2。其中卫生间面积为 3.70 m^2，厨房面积为 4.92 m^2，卧室面积为 16.62 m^2，客厅面积为 17.68 m^2，阳台面积为 2.00 m^2，无储藏间。该套型卧室和客厅朝南，布局较为紧凑，但干湿分离的卫生间缺乏精细化设计，牺牲了一部分走廊空间，阳台面积过小，且套型内部缺少玄关和储藏间。

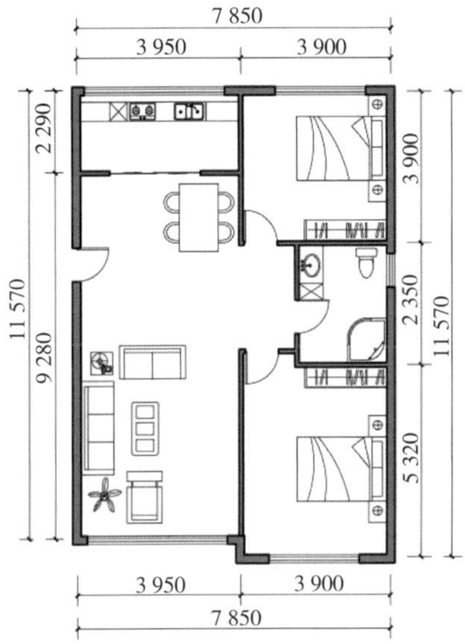

图 3.7　荣悦园套型 C 平面图（单位：mm）

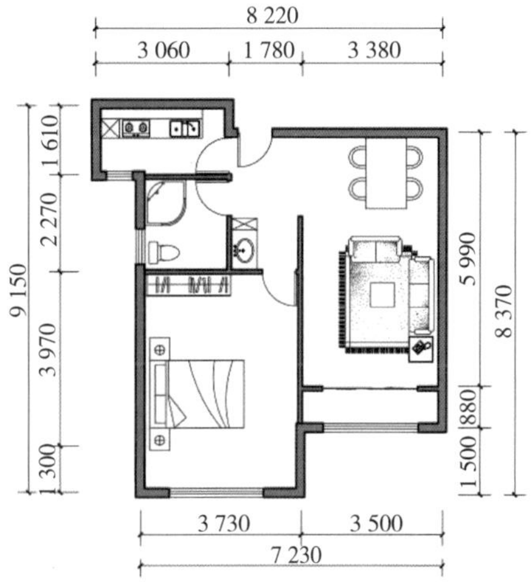

图 3.8　荣悦园套型 D 平面图（单位：mm）

3.2.3.2　荣畅园小区

此次调研的荣畅园小区套型共四种，全部为两室套型。具体的套型面积指标和空间布局分析如下。

（1）套型 A：该套型为两室两厅一卫（图 3.9），建筑面积为 66.93 m^2，套内面积为 61.64 m^2。其中卫生间面积为 4.30 m^2，厨房面积为 5.20 m^2，主卧面积为 11.20 m^2，次卧面积为 7.50 m^2，客厅面积为 27.30 m^2，无阳台和储藏间。该套型布置较为合理，但缺少玄关和储藏间。

（2）套型 B：该套型为两室一厅一卫（图 3.10），建筑面积为 61.07 m^2，套内面积为 56.64 m^2。其中卫生间面积为 3.04 m^2，厨房面积为 4.80 m^2，主卧面积为 12.48 m^2，次卧面积为 8.58 m^2，客厅面积为 16.61 m^2，无阳台和储藏间。该套型卧室紧临入口，没有经过走廊过渡，次卧采光较差，干湿分离卫生间设计问题与荣悦园套型 D 类似，缺少玄关和储藏间。

（3）套型 C：该套型为两室两厅一卫（图 3.11），建筑面积为 74.61 m^2，套内面积为 68.64 m^2。其中卫生间面积为 4.30 m^2，厨房面积为 5.20 m^2，主卧面积为 11.20 m^2，次卧面积为 7.50 m^2，客厅面积为 27.30 m^2，无阳台和储藏间。该套型布局、面积设计上较为合理，但缺少玄关和储藏间。

（4）套型 D：该套型为两室一厅一卫（图 3.12），建筑面积为 71.51 m^2，套内面积为 66.54 m^2。其中卫生间面积为 5.48 m^2，厨房面积为 5.35 m^2，主卧面积为 10.49 m^2，次卧面积为 9.62 m^2，客厅面积为 17.14 m^2，阳台面积为 2.66 m^2，无储藏间。该套型卧室与卫生间距离过远，卫生间与厨房位置设计不合理，没有餐厅和玄关，阳台设计上与荣悦园套型 D 问题一致，面积过小。

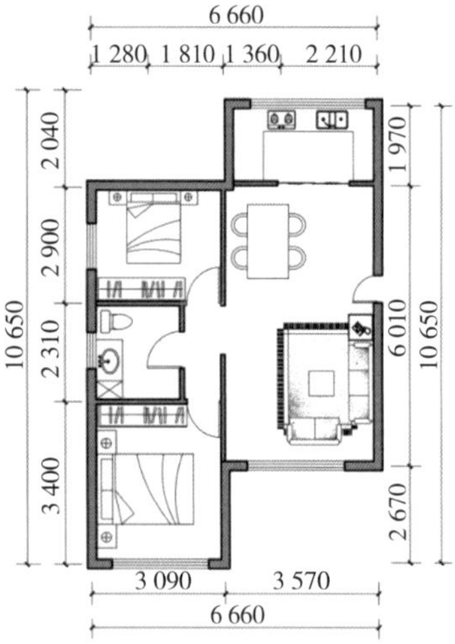

图 3.9　荣畅园套型 A 平面图（单位：mm）

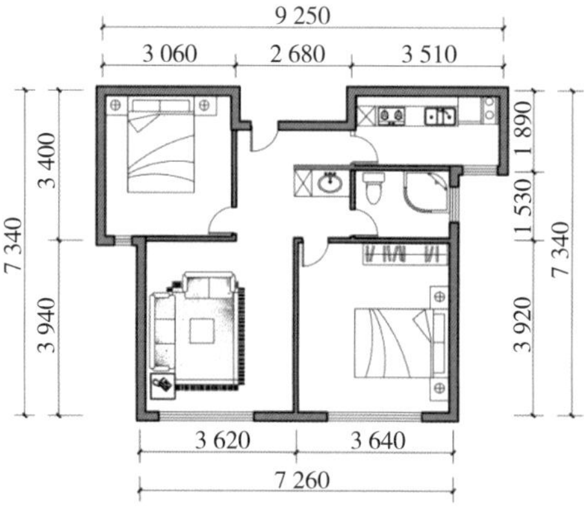

图 3.10　荣畅园套型 B 平面图（单位：mm）

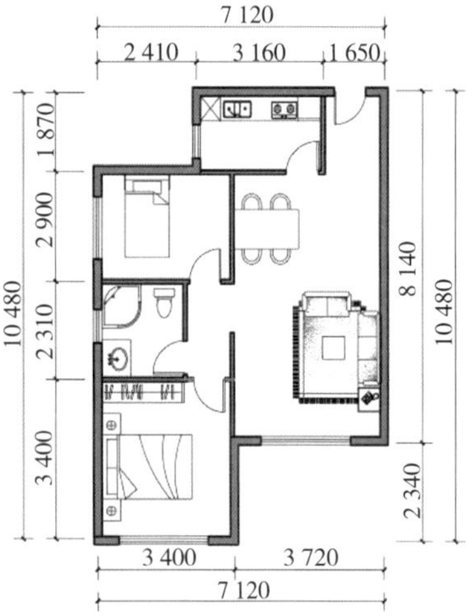

图 3.11　荣畅园套型 C 平面图（单位：mm）

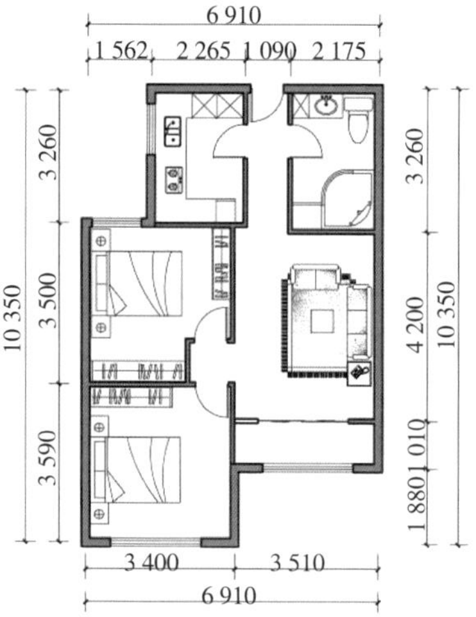

图 3.12　荣畅园套型 D 平面图（单位：mm）

3.3　居住品质与使用需求实态调研

3.3.1　装配式住宅空间品质现状调查

当前装配式住宅居住品质现状并不乐观。本次调研的两个小区均属于限价房，其购买人群属于中低收入人群。由于套型面积偏小，一部分住户为满足居住需求会对套型进行改造，以去除隔墙、转换空间功能等方式来增加卧室、卫生间、餐厅面积，略微缩减客厅、阳台面积，甚至完全取消阳台。以荣悦园两室两厅的单元房为例，该住户通过改造，增加了厨房和客厅面积，取消了阳台（图 3.13），将部分储存功能置于公共楼道内。其做法表明当前装配式住宅的设计不够理想，难以满足居住需求。另外，改造措施不完善也会造成一定的消防安全隐患。

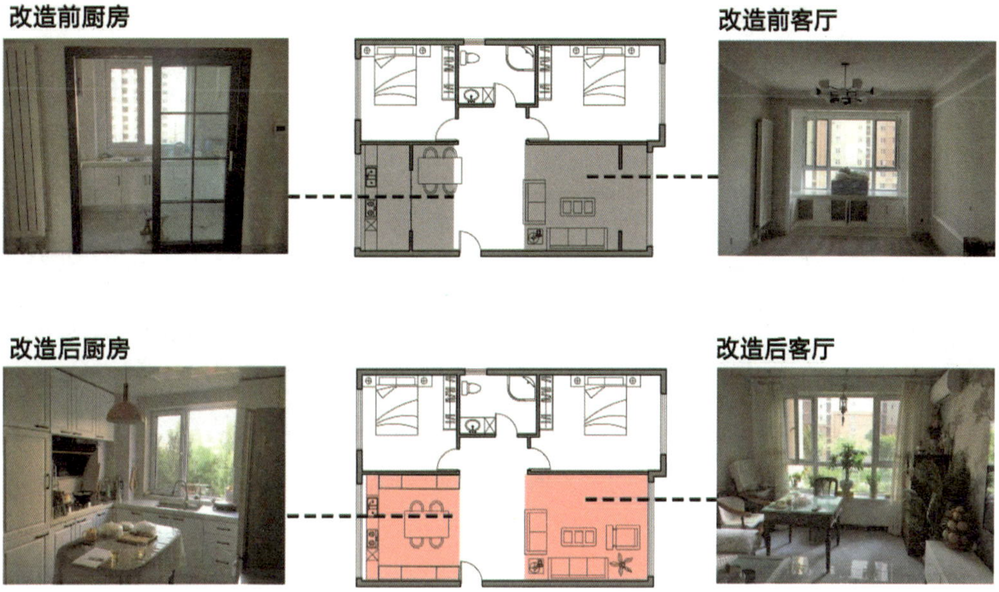

图 3.13　荣悦园套型改造前后对比（组图）

租赁式住宅内大幅度增加卧室数量，在公共空间只留下必要的交通和卫浴空间，居住环境较为恶劣。此类套型能够满足住户的基本生活需求，但缺乏对储藏间、玄关等空间的细节设计，缺少针对青年、老年等群体的个性化和人性化设计，没有考虑住宅全生命周期。

本次调研的装配式住宅功能基本全面，但部分住宅需要住户后期对套型进行大幅度改造、装修才能基本满足其居住需求。因此，超过半数的受访者表示对住宅套型设计不满意。当前住宅空间设计现状如下。

1. 功能空间精细化设计现状

在精细化设计方面，功能空间内干湿分离存在设计不足的问题，部分套型将洗手盆与卫生间分离，会对客厅造成一定程度的环境污染，也会造成私密性不足。设计没有很好地解决家具摆放问题，如卫生间没有预留洗衣机摆放位置、部分厨房无法放置冰箱（图 3.14），卧室空间无法放置梳妆台等。调研发现，由于住宅内部没有设计玄关，一部分受访者会将鞋柜放置于公共走廊，产生诸多不便，甚至带来消防安全隐患。另外，由于装配式住宅套型平面较为规整，多为矩形或“L”形，受访者表示改造和家居布置比较方便。

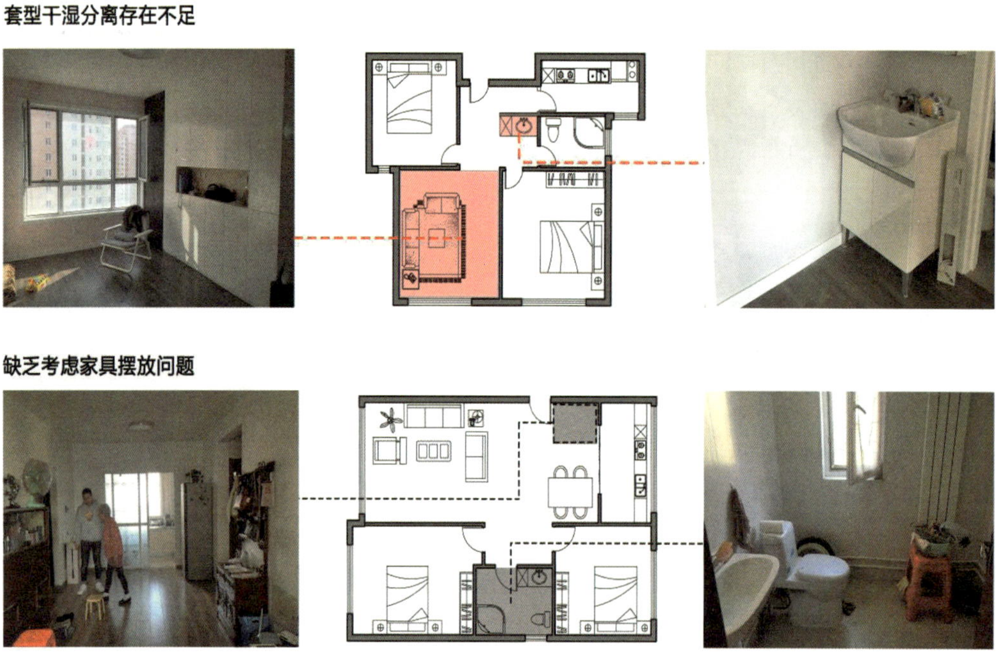

图 3.14　功能空间精细化设计现状（组图）

2. 套型平面尺寸设计现状

尺寸设计方面存在的问题主要有：卧室、储藏空间、卫生间、厨房部品、阳台空间尺寸设计不当等。其中储藏间缺失是造成套型设计不合理的主要原因。调研发现，一些住户会把鞋架、座椅等放置在公共走廊，以缓解套型内储藏空间过小的问题；部分卫生间面积充足但没有采用两分离或三分离，造成了不必要的麻烦；厨房面积过小，导致存储及操作空间不足（图 3.15）。阳台与客厅尺寸设置不合理，造成两个空间均使用不便。客厅只起到了连接其他功能空间的过渡作用，难以满足住户的娱乐交流需求。

3. 功能空间设置种类及数量现状

在功能空间种类方面，大部分青年受访者对住宅功能空间提出了新的要求：住宅不仅要满足“衣食住洗”四方面基本需求，还应设置满足 1~2 人的娱乐社交空间（如小型健身房、音乐演奏室、学习工作室和游戏室等）。此类受访者往往对空间面积要求不高，但对空间品质要求较高，需要“麻雀虽小、五脏俱全”的套型。

在功能空间数量方面，受访者倾向于设置两间卧室，少数受访者提出单间或三间卧室的需求，但由于次卧面积限制，难以满足住户日常休憩需求，使得部分住户会在客厅休息。在厨房和卫生间数量方面，部分受访者表示，厨、卫各设置一个即可，可以通过适当压缩厨房面积来增加娱乐社交功能空间的面积。

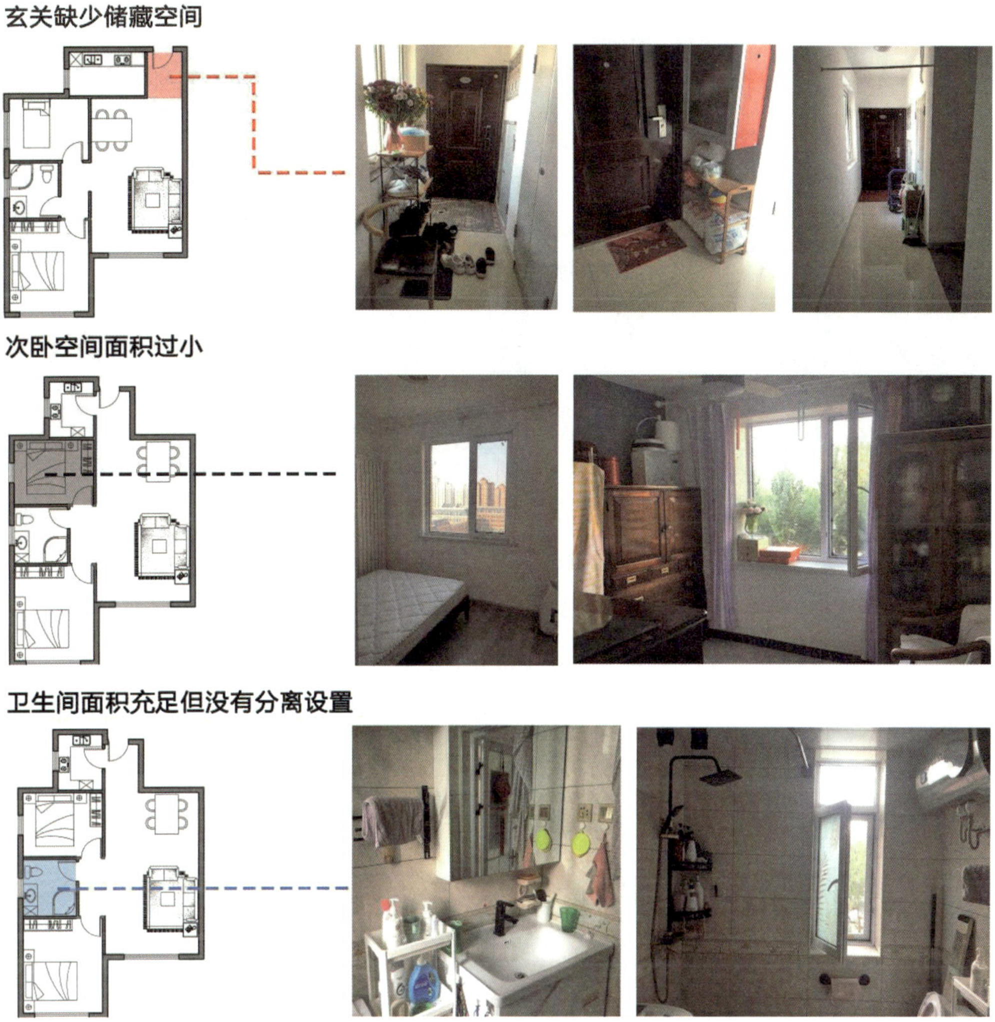

图 3.15　套型空间尺寸设计现状（组图）

4. 住宅质量与物理环境现状

现有的装配式住宅整体质量情况较好，但多数住宅在二次装修过程中会暴露出较大的问题。这些问题具体表现在：墙面出现裂缝、顶棚出现渗漏、门窗不能完全开启、墙皮掉落等现象（图 3.16）。调研发现，住宅公共楼梯施工较为粗劣，出现了装饰墙面开裂、墙皮掉落等问题，影响了住宅的美观性和安全性。另外，部分走廊缺乏管理，出现了被占用的现象。

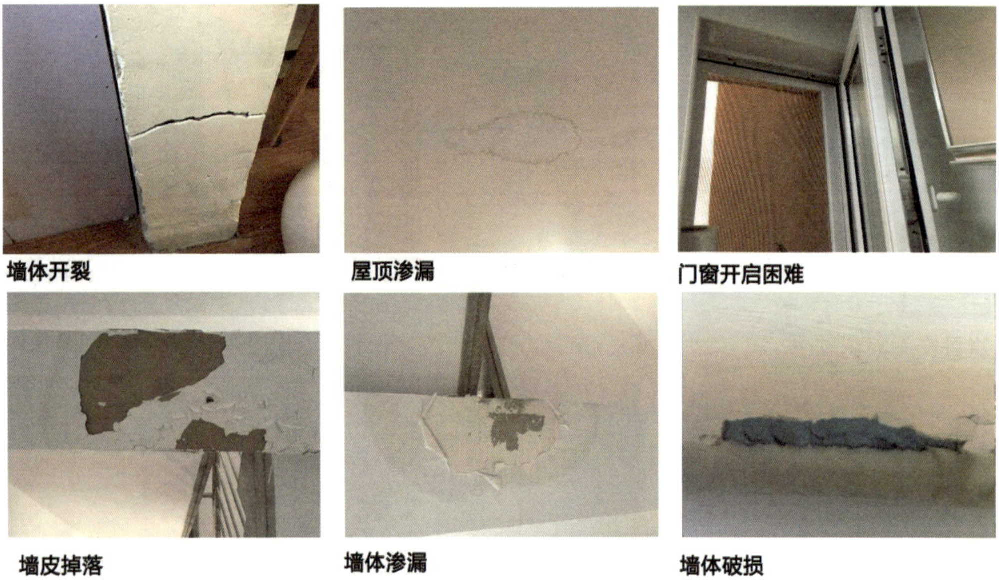

图 3.16 住宅二次装修过程中暴露出的问题（组图）

现有的装配式住宅物理环境的主要问题为隔声差和通风不良。大部分受访者表示隔声是最迫切需要解决的问题。对于现有的装配式住宅楼板、墙板，出于运输因素的考虑，材料的物理性能、强度、密度、硬度方面与现场浇筑的楼板不同，另外各个构配件组装也会产生一些缝隙，这就导致很多住宅产生隔声效果不佳的问题。

3.3.2 装配式住宅空间品质需求调查

此次调研中，受访者对装配式微型居住空间提出人性化和安全性、舒适性、精细化、个性化设计四方面需求（表 3.2），部分受访者表述内容如图 3.17 所示。

表 3.2 调研需求总结

套型设计	品质需求			
	人性化和安全性	精细化	个性化	舒适性
户型设计	考虑居民的基本生活行为，满足必要家具的摆放，严格控制各个功能空间的尺寸，以满足居民人性化的需求。加强对公共走廊私自占用现象的管理	着重考虑空间尺度、家具布置等方面； 设置独立储物室； 设置玄关或者双玄关，保证其安全和卫生	依据自身喜好、工作特性、日常行为等方面设置特殊的空间。并且在一定程度上减少客厅、厨房的面积，以增加其他特殊空间面积。 应考虑全生命周期户型设计	—

续表

套型设计	品质需求			
	人性化和安全性	精细化	个性化	舒适性
房屋质量	—	各个功能空间构配件组成、细部尺寸、连接方式等	—	着重考虑施工问题，避免出现裂缝、渗漏、外墙门窗不能完全开启、墙面空鼓等现象
物理环境	—	针对不同空间，采用特殊建造方式和开窗方式	—	老年人对采光要求较高，应该设置室外阳台，加强采光

人性化与安全性需求

“阳台面积太小了，跟没有一样。”

“如果装配式住宅空间设计能更灵活就好了，我们也不太需要这么大的厨房、客厅，相反，要是有个小的书房或者娱乐室就好了。”

“这个房子质量和普通的房子有区别吗？我这个房子，二次装修时候，墙板就挂不上白漆，这才住了半年就开裂了。”

舒适性需求

“在舒适性方面，装配式房屋哪些需要改进呢……我希望有个室外阳台，现在的阳台都在室内，也不能让我舒舒服服地晒太阳，这个就不算是阳台。”

“既然是住宅，肯定要满足隔声要求吧，现在这个房子噪声太大了，我的孩子都不在这里住了，说是影响休息。”

“现在住宅哪还有遮阳问题，都有窗帘，我一个老人，不需要遮阳，我需要阳光。”

精细化需求

“我们家的厨房是改造过的，原来给的房子不是这样的，面积太小，改造之后就好多了。”

“卫生间面积倒是还好，就是没地方放洗衣机，原来怕走电，每次洗澡都会移一下洗衣机，现在嫌麻烦都不动了。”

“我们家实在没地方设置玄关了，但是还是希望有个玄关……玄关最好有面镜子和储藏柜，而不是简单的隔墙。”

个性化需求

“我们现在不做饭了，基本都在点外卖，如果可以的话，应该设置一个娱乐室或者书房。”

“客厅面积有点儿多余，现在除了会客也基本用不上客厅了，其实有手机、平板就可以。”

“我们家基本都是我设计的，包括墙面涂料、家具配饰等等，感觉还是自己设计比较放心，也许没外面设计得好，但是还是想参与，毕竟就这么几次机会。”

图 3.17　受访者表述内容

1. 住宅人性化和安全性需求

调研发现，年龄在 20~30 岁区间的居民对住宅的人性化要求较高。装配式住宅要考虑运输成本的问题，构件不会太大，因而，其面积受到一定的限制。在装配式住宅设计过程中，应该充分考虑居民的基本生活行为，满足必要的家具摆放空间需求，严格控制各个功能空间的尺寸，必要时考虑无障碍设计，以满足居民人性化的居住需求（图 3.18）。

图 3.18 套型缺少无障碍设计（组图）

年龄在 31~50 岁区间的居民对住宅的安全性要求较高。住户对装配式住宅主体质量持怀疑态度，他们更看重预制楼板、墙板等构配件的品质，以及相关噪声、通风、采光等衍生问题能否得到解决。

2. 住宅舒适性需求

年龄在 40~60 岁区间的受访者比较看重住宅物理环境舒适性，包括安静的居住环境、充足的阳光、适宜的遮阳和通风。

在此次调研中，部分受访者表现出对安静居住环境的强烈需求。相比于适宜的遮阳，受访者更需要充足的日照，这可能与他们的年龄有关。部分受访者要求设置室外阳台，他们表示室内阳台不能满足他们的需求，甚至认为室内阳台不算真正的阳台。

在通风方面，大部分受访者需求程度一般，认为满足基本要求即可，也有一部分受访者表示，现有的套型通风不能满足其需求，期望有所改进。

3. 住宅精细化需求

受访者对于住宅精细化的需求，主要包括厨卫精细化、储存空间精细化和入口玄关精细化三个方面。

在厨卫精细化方面，30 岁以上的居民对装配式住宅厨卫空间设计不满意，认为厨卫空间设计在尺度设计、家具布置方面不合理，往往要对厨卫空间进行二次装修。在储存空间方面，受访者认为应该设置独立的储藏空间，仅凭收纳家具无法完全满足储藏需求。部分受访者表示可压缩其他功能面积来增加储藏空间，减少物品乱丢乱放现象（图 3.19）。

在入口玄关精细化方面，多数受访者提出需要设计玄关，他们认为玄关需要设置独立的储物柜和镜子，以满足储藏需求。部分受访者表示最好设置双玄关，通过玄关加强内外空间分隔。

厨房和卧室缺少储藏家具部品

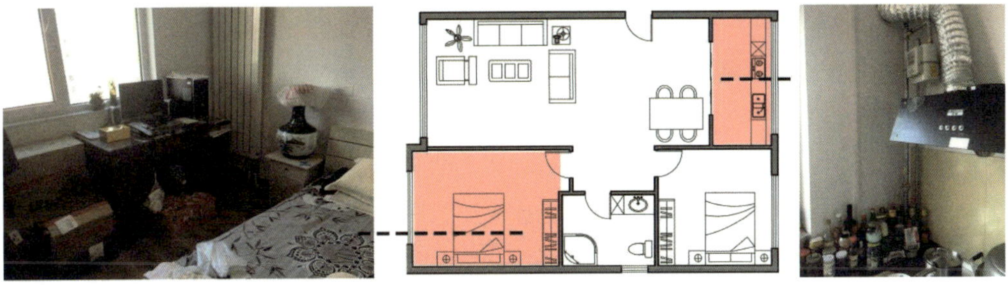

图 3.19　缺少储藏空间设计（组图）

4. 住宅个性化需求

年龄段在 20~30 岁区间的受访者对住宅的个性化需求较高，他们希望依据自身喜好、工作特性、日常行为习惯等方面设置个性化居住空间，可在一定程度上牺牲客厅、厨房的面积，以扩展其他特殊空间面积。同时，此类受访者对空间设计有一定的好奇心，愿意参与套型的设计和改造，而不是委托设计师进行全权设计。

3.4　调研问题总结与分析

尽管天津市在装配式住宅领域的实践已经初见成果，但装配式住宅建造技术和设计水平还有待提高。经过相关背景资料查阅和装配式微型居住空间调研可以看出，现有的装配式设计在适应性设计、精细化设计、标准化设计等方面还存在不足。

3.4.1　住户需求与空间功能适应性较差

新时代居民对住宅空间品质有了新的要求，居住空间不仅仅承载着人们的睡眠、饮食和休闲等基本需求，居民在健身、工作、观影和演奏等多元化居住行为方面对居住空间提出了更高的要求。调研发现，中青年群体的居住行为出现了功能空间模糊化、居住行为简约化的新趋势，这必然会对居住空间设计有所影响，如不同时间段居民在家娱乐、健身、办公等行为对于空间灵活性的需求；快餐外卖业的快速发展对厨房空间集约化的要求；手机平板等智能设备的普及对客厅空间的重新分配等。传统的空间尺度及内部功能种类需要重新设计，以适应居住行为的改变。

在调研中发现，当前微型居住空间适应性存在以下问题。

1. 群体需求差异性大与功能空间种类单一之间的矛盾

不同年龄段住户的日常行为和空间需求存在较大差异，现有的功能空间设计单一、乏味，套型平面同质化严重，只能满足“衣食住洗”等基本需求，对娱乐交流功能的个性化空间设计不足。

中青年群体工作强度较高，日常居家生活时间较短，对周末、假期等短期休闲生活有更高的要求，希望在居住空间内完成部分娱乐、健身活动，减少外出次数。这一群体对互联网、智能设备依赖程度较高，对智能家具设备和新型居住生活模式接受程度高。青年群体居住行为变化迅速，常出现居家娱乐休闲过程中接到消息通知后，快速转换到工作学习状态，工作学习结束后继续进行娱乐的情况，因而对弹性空间、共享空间需求更高。老年群体行为需求与中青年群体相比则更加简单，当前套型的功能空间组织方式更符合此类群体的需求。老年群体运动系统功能衰退，不适合较大的居住面积，由于居家时间较长，对居住空间适老化、精细化设计有更高的要求。

2. 住户需求数量增加与空间面积较小之间的矛盾

本次调研的部分住宅为居民过渡性居住使用，由于自身经济条件的限制，居民不得不在面积较小的空间中居住。随着居住人口数量的增加和居住行为内容的丰富，为解决实际使用需求，居民往往要对居住空间进行多次改造。如通过设置隔墙、储藏家具对空间进行划分，此类做法表明当前住宅设计不够全面，难以满足使用者需求，改造措施不完善也会造成一定的安全隐患。

3.4.2 空间精细化设计缺乏考虑

精细化设计反映了使用者心理活动和行为活动的需求，设计者通过多种设计因素的有序组合，采用与之配套的科技系统，让居住空间变得更加舒适、宜居。从调研结果来看，居住空间精细化设计较为薄弱，厨卫、玄关等功能空间的尺度、种类及家具部品摆放等方面均有待提高。住宅平面布局难以协调好居住空间、居民需求和环境性能三者之间的关系。居民长久生活在这种面积较小、功能种类单一的空间内，生理和心理承受着较大的压力。另外，由于套型设计粗犷，增加了住户二次装修的经济负担，同时居住环境也存在安全隐患。

当前微型居住空间存在以下精细化设计问题。

1. 对厨卫、收纳等小尺度空间考量不足

在厨房设计中，缺乏对操作流程和人体尺度的考量，导致厨具摆放位置不合理，没有预留冰箱、洗碗机及烤箱等大型电器设备的摆放位置；在卫生间设计中，没有考虑干湿分离，将洗漱水槽空间（本应放在卫生间）与客厅直接相连，使居民对小空间的清洁、居住环境的安全产生怀疑；在收纳空间设计中，没有考虑家具部品数量搭配，收纳空间尺度、可变性和分隔方式与住户需求不符，导致物品乱堆乱放现象严重，一定程度上影响了住户日常生活起居。

2. 对智能家具设备考量不足

科技发展是引发居住行为转变的重要因素，智能家具设备能够针对每个住户的需求进行系统性服务。通过智能立库、可移动楼板及机械臂等，中青年人群可根据自身行为构建个性化功能空间。人工语音助手、大数据预测及虚拟现实技术的应用，可对老年人进行身体安全检测，当其接近危险区域时，可启动防护措施，有效规避意外发生。调研中发现，当前住宅设计（尤其在面积较小的住宅中）缺少此方面的精细化设计，适当使用智能设备能够“扩展”居住空间面积，改善空间舒适度，达到微型居住空间“小中见大”“空间倍增”的目的。

3.4.3 预制构件、模块尺寸标准化程度较低

构件和部品尺寸标准化是装配式建筑快速建造和后期维护的有力保障。一套合理、完善的模数制度能够使空间内各个部品实现整体完整与个体独立的统一，极大提高了装配式建筑的经济性。通过咨询专家和对生产厂家进行调研可以发现，当前微型居住空间存在以下标准化设计问题。

1. 模数系统和技术体系不成熟

装配式微型居住空间缺少成熟的模数系统和技术体系，缺少能与天津地区气候、抗震等级相适应的施工工艺和工法娴熟的技术体系。在装配式相关规范方面，天津市仅在2020年出台了《天津市装配式住宅评价标准（征求意见稿）》，缺少装配式住宅从设计、构件生产、运输、施工建设到后期维护等流程的标准性规范，这制约了装配式住宅的快速发展。

2. 功能模块尺寸限制因素考量不足

对现有的功能模块尺寸限制因素考虑不够全面，设计缺少对设计标准、预制生产、运输、施工等多个流程尺寸限制的思考，使得尺寸设计不够标准、完善。在尺寸标准化设计方面，只有住宅外立面、楼梯、整体厨房和卫生间等部分的预制构件和部品设计比较完善，对卧室、客厅和阳台的模数体系和部品设计考虑较少。复杂的设计尺寸造成工厂难以进行大规模构件生产，进而产生实际工程建造速度缓慢的问题。

3.5 小结

本章对装配式微型居住空间进行了调研，阐述了天津市装配式建筑发展背景、调研对象、调研计划及内容，采用问卷调查和深度访谈的方式，对调研地区住户的基本信息、装配式认知和套型平面进行分析。通过对装配式住宅空间品质和使用需求进行调查，总结目前住宅设计在住户需求与空间功能适应性、空间精细化和模块尺寸标准化三方面存在的问题，为微型居住空间功能模块优化设计与组合提供解决思路。

第四章 微型居住空间功能模块优化设计与组合

本章以第三章的调研成果为基础，通过优化基本原则和优化设计方法解决微型居住空间功能适应性、空间精细化和尺寸标准化三方面问题（图 4.1）。在空间功能适应性方面，采用参数化设计方法对模块和单元进行优化组合，提高居住空间利用率，提高住户的居住感受，使其拥有舒适的居住状态。在功能空间精细化方面，对比多种模块化设计思路，分析青年行为与功能模块的关系，将模块和内部组成单元进行重新分类和设计。在尺寸标准化方面，探讨从设计到建设流程中的多个限制因素，归纳功能模块并优化其尺寸。

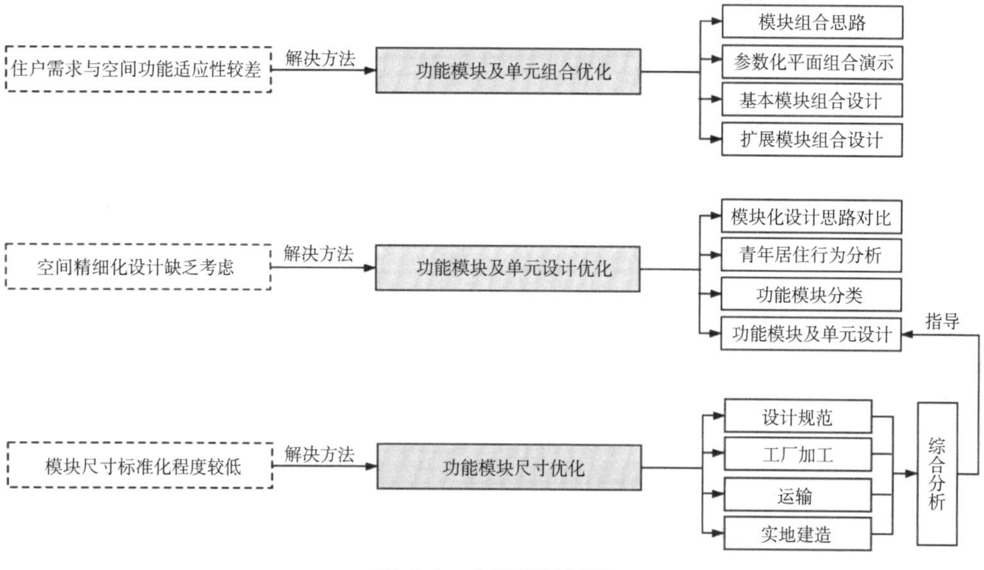

图 4.1 本章逻辑框架

4.1 优化设计基本原则

通过对装配式微型居住空间的实地调研与相关文献总结，从住宅使用及需求现状出发，对适应性、精细化和标准化三方面进行分析，提出适合微型居住空间内部模块和单元的设计原则。微型居住空间应该满足当代青年居住人群的基本需求，保证模块内部各个单元设计的合理性，充分发挥基本模块和扩展模块弹性复合，按需、分时段共享的特性。满足模块空间高效性和精细化设计、按人群分类的个性化和智能化设计，具体归纳为以下四个原则。

在空间高效性设计方面，通过各个模块和内部单元完整的功能设置，如休憩单元、厨房单元和储藏单元的合理组织，满足住户多样化的空间需求。在空间精细化设计方面，可通过模块高效的组合方式，通过干湿分离、动静分区和行为分析，保证各个单元空间互不干扰又具有一定的联系。在个性化和智能化设计方面，考虑住户的使用情况，在模块中加入智能立库、AGV（Automated Guided Vehicle，自动引导车）、智能机器人等设施，使住户在同一地点的不同时间段拥有不同的使用功能体验，适应多种个性化行为需求。

4.1.1 空间高效性原则

模块分为支撑体和填充体两类。具有“支撑体”性能的模块能够满足基本的结构需求，在微型居住空间中作为主体框架，位置相对固定，能够满足基本的生活需求。具有“填充体”性能的模块能够分隔空间，其位置相对自由，可根据住户的扩展行为需求进行灵活变动。应用此理论，可针对模块和内部单元的分类、设计展开三个层面的探索：首先针对模块灵活性的设计，探讨支撑体和填充体的更新与替换问题；其次是模块适应性的设计，应完善标准模数尺度和模块连接设计方法；最后是模块可持续性的设计，针对住户需求进行自定制空间设计，根据不同人群居住行为需求增减模块数量，实现模块更新和替换的“开放性”，从根本上提高空间的高效性。

在微型居住空间层面，由于其面积有限，遵循利用空间高效性原则，可以将一部分功能空间复合化，减少传统建筑设计中客厅、书房等单一空间对应单一行为的模式，打破住宅套型中两室或三室的使用，考虑住户、行为、空间三者中多种因素的变化。

4.1.2 个性化设计原则

在模块化设计层面，模块的个性化设计可从两方面进行探索：首先，可以打破传统箱式模块的空间形制，减少规则矩形的使用，可采用三角形、六边形和不规则模块进行设计，科学权衡模块空间表达方式和组合的可操作性；其次是模块外立面多样化设计，对窗户、格栅等立面分隔元素和高差、界面材料等立面细节元素进行多样化设计，通过模块的自由组合，形成差异化的立面形式，满足住户对外立面美观性和内部空间舒适性的要求。

在微型居住空间层面，针对青年、老年人群和特殊需求人群需要进行居住空间差异化设计，展现人性化关怀，这是个性化设计的重点。针对不同的需求，对空间和家具部品进行个性化设计，结合大数据、VR（虚拟现实技术）、AR（增强现实技术）智能设备对空间内物理环境、心理环境虚拟场景进行模拟，方便住户从项目开始阶段就参与空间设计，使空间设计成果更具针对性。

4.1.3 精细化设计原则

精细化设计原则主要适用于微型居住空间设计。借鉴住居学理论，结合相关实地调研，对现有的居住问题进行分析，产生结论。周燕珉（2008）在《住宅精细化设计》中对相关原则和设计方法进行了论述。住宅的精细化设计应基于住户的生理和心理需求，明确其行为及需求特征，将厨房、卫生间、门厅和卧室等空间进行内部家具部品尺寸细分，完善各个功能空间的尺度，同时考虑物理环境，力求为住户带来节能环保、环境舒适、空间布局合理的居住空间。

在微型居住空间中，可充分考虑各个功能空间的家具摆放问题，减少冗余面积，如在厨卫空间预留冰箱、洗衣机等大件电器的摆放位置，在卧室内预留梳妆台摆放空间等；在功能空间内设置储藏架，必要条件下可设置独立储物间，减少物品的乱丢乱放；在入口处设置玄关或双玄关，减少公共走廊占用问题，满足其安全和卫生要求。精细化设计不仅仅要在功能空间中有所体现，还应该扩展到建筑材料、家具内装和健康照明、通风等方面，包括可移动墙体、折叠式桌椅、模块化储物柜、LED（发光二极管）蓝天模拟灯具等，这些智能家具可以根据住户的行为需求进行空间分隔和结构重组，极大增加空间变化的便利性和可能性。精细化设计也可为租赁式居住模式发展助力，通过加强住户与租赁环境的交互性，在空间内预留弹性区域，允许住户自行布置和改造居住空间，使住户主动参与房屋环境的维护，营造良好的住宅归属感和租赁环境凝聚力。

4.1.4 智能化设计原则

随着科技的快速发展，智能化已经不仅仅局限于手机、汽车、无人机等方面。在建筑领域，近年来，智慧养老、智能家具广泛普及，居民的居住需求也向高品质、全方面居住模式发展，住宅智能化已成为微型居住空间未来发展的必然趋势。微型居住空间的主要使用人群是新时代的青年人群，此类人群对智慧化产品、智能设备等新事物的接受能力较高，而且对便捷性智能设备的需求较大。在微型居住空间率先普及智能化家具设备使用，为未来全面智慧化生活模式提供借鉴。

智能化设计原则可运用新技术和新手段来实现微型空间多样性，从而极大地提升住宅品质和住户的居住体验。通过人工语音、虚拟现实、移动机器人、智能立库、智能移动楼板等新技术，扩大空间感官面积，使住户在 40 m^2 的房屋中具有传统住宅 80 m^2 的空间感受，大幅提升空间舒适度，实现小中见大、空间倍增的目的。同时，智能家具应具备远程监控功能，住户可通过互联网实现对建筑室内物理环境现状、设备设施状态的监测，调节空间环境设备或智能设备的使用，有效提升服务便捷性和安全性。

4.2 功能模块模数设计的制约因素

装配式住宅需要考虑设计施工一体化。设计、工厂生产、车辆运输以及施工建造多个环节紧密相连。功能模块的尺寸和重量受设计、施工等多个方面的影响。因此，模块应考虑总体性，采取自下而上的逐层设计方法，综合考虑设计规范、工厂加工工艺、车辆运输和内部模块组合装载，以及后期维护改造等因素的限制，基于微型居住空间的面积限制，合理选择模块的类型、结构和连接方法，以节省运输成本和快速建造结构体为重点，设计多种顺应工业化住宅发展和具有空间适应性的模块及单元类型。

4.2.1 设计规范对模数设计的限制

当前装配式模块和内部单元构件的模数主要依据现行的《装配式住宅建筑设计标准》(JGJ/T 398—2017) 以及《装配式建筑评价标准》(GB/T 51129—2017) 的规定进行设计。在装配式住宅中，建筑结构体和建筑内装体的模数和尺寸应参照现行国家标准《建筑模数协调标准》(GB/T 50002—2013) 的规定进行设计。

4.2.1.1 住宅开间、进深要求

装配式住宅优先选用通用性强、具有系列化尺寸的住宅开间、进深和层高等主体部件或建筑结构体尺寸。考虑经济性和多样性，住宅建筑根据开间尺寸多选择 $2n$M、$3n$M，进深多选择 nM，高度多选用 nM/2 作为优先尺寸数列。装配式住宅建筑内部的装配式隔墙、整体收纳和管井等单元模块化部品或集成化部品宜采用基本模数，也可插入分模数 M/2 或 M/5 进行调整。

4.2.1.2 墙体、内装部品要求

在住宅设计中，根据国内墙体的实际厚度，结合装配整体式剪力墙住宅建筑的特点，建议采用 2M+3M（或 1M、2M、3M）灵活组合的模数网格，承重墙和外围护墙厚度的尺寸系列宜根据 1M 的倍数及其与 M/2 的组合确定，厚度宜为 150 mm、200 mm、250 mm、300 mm，以满足住宅建筑平面功能布局的灵活性及模数网格的协调性。建筑内部使用空间应按照基本模数 1M 进行设计与生产。尺寸小于 100 mm 的内装部品，应按照分模数的规定执行。

4.2.1.3 住宅层高、门窗洞口要求

装配式住宅的层高和门窗洞口宜采用竖向基本模数和竖向扩大模数数列，可参照现行国家标准《建筑门窗洞口尺寸系列》(GB/T 5824—2021)，考虑住宅建筑常用尺寸范围。

装配式住宅的层高设计应按照模数协调的要求，采用基本模数或扩大模数 *n*M 的设计方法实现结构部件、建筑部品之间的模数协调。层高和室内净高的优先尺寸间隔为 1M。优先尺寸是从基本模数、导出模数和模数数列中优先挑选出来的模数数列，它与地区的经济水平和制造能力密切相关。尺寸越多，灵活性越强，部品的可选择性就越强；尺寸越少，部件的标准化程度越高，实际使用受到的限制越多，部件的可选择性越弱。

4.2.2 工厂加工对模数设计的限制

工厂能大规模生产的模块的尺寸，一方面受构件主体结构类型(混凝土结构、钢结构、木结构、混合结构)性质的影响，另一方面受工厂构件模具、模台尺寸的影响，而构件模台的尺寸是影响模块模数的重要限制条件之一。以钢筋混凝土混合结构为例，现有的制造工艺依据模具、模台是否固定可分为两种方式，分别是以立模、固定模台、预应力为主要工艺的固定模台方式和以手动、半自动和全自动为主的流动流水线模台方式。

4.2.2.1 固定模台方式

固定模台方式是预制构件厂家应用最广泛、最主流的生产工艺。固定模台方式是将模块所需的材料放置在模台上，利用侧模具和底模具对其进行固定组合，并经过一段时间后拆卸而成，在固定模台上可放置模块所需的预埋件、钢筋和混凝土等。固定模台通过工作人员操作其他设备来移动钢筋和混凝土材料，模台本身是固定的。

固定工艺生产构件的种类较多，包括墙板、楼板等规整构件和楼梯、阳台板等异型构件，其中异型构件的制作比较烦琐，需要工人查看操作，不适合进流水线大批量生产。通过查阅相关资料，工厂常用的固定模台的最大宽度为 4.0 m，最大长度为 12.0 m，由于模台上方无须设置养护窑，因而高度没有限制。这种模台能生产的构件的最大宽度为 3.7 m，最大长度为 11.5 m，在厚度上没有限制。

4.2.2.2 流动流水线模台方式

流动流水线模台方式主要是将模台放在机械轨道上，通过滚轮传送，经过多个步骤生产后形成完整的预制构件(图 4.2)。常见的流水线工艺分为四个步骤：第一步，先组合模具并将其放置在轨道上，经放置材料区域将预埋件、钢筋放于模具中；第二步，将模具移动到浇筑振捣区域，在模具中浇筑混凝土并进行振捣；第三步，将模具移动到养护窑进行维护，待混凝土凝固后移动到脱模区；第四步，构件脱模，然后运送到存放区域。

流动流水线模台方式由于技术限制，只能生产墙板、楼板等规整构件，但流动工艺

采用全自动、半自动机械手段来节省人力。工厂常用的移动模台的最大宽度为 3.5 m，最大长度为 9.0 m，并且受养护窑高度限制。这种模台能生产的构件最大宽度为 3.2 m，最大长度为 8.5 m，最大厚度为 0.4 m。

图 4.2　固定模台和半自动模台（组图）

（图片来源：www.precast.com.cn）

4.2.3　运输对模数设计的限制

传统的建造方式需要将所需的材料和设施运送到目的地，其建造材料的准备和施工流程主要在目的地进行，运输过程中的限制因素较少。但装配式建造方式有所不同，其具有非目的地生产的特点，建造材料主要在工厂进行批量预制生产，通过大型运载车辆运输至目的地后再进行施工组装。由此可见，运输环节的尺寸和重量限制，是影响模块及单元模数尺寸最重要的因素。

工厂的生产工艺都会考虑到运输因素，单个构件的尺寸和重量均适合车辆道路通行和转弯。考虑到经济性，一辆运输车往往运载多个模块，这时就需要考虑车辆最大容纳尺寸与模块组合的适配性。在车辆最大承重和尺寸限制下，应尽可能多地放置模块。本节主要从两方面展开分析，一方面梳理重型、中型常规车辆的最大长度、宽度、高度和重量限制，道路要求、运输范围等；另一方面总结怎样放置本书所设计的模块尺寸，以达到降低车辆空余面积、减少不必要的浪费的目的。

4.2.3.1　道路限宽、限高和运输范围限制

在道路运输限宽和限高方面，根据《城市道路工程技术规范》(GB 51286—2018)相关内容规定，我国的城市道路和公路对重型、中型车辆的限宽为 3.75 m，总限高为 4.0 m；不同道路等级对最小净空高度限制有所不同，分别是一、二级和高速公路最小净高度为 5.0 m，城市道路和其他等级道路为 4.5 m。我国道路桥涵的限宽通常为 3.6 m，限高 5.5 m；一、二级公路和高速公路道路桥涵限高通常在 4.5 m 以下，城市道路桥涵限高 3.5 m。

在道路运输范围方面，装配式工厂通过车辆运输后到达目的地的最大范围不应超过

300 km，对于生产模块的厂房而言，运输需要考虑的因素更多，因此服务半径最好在100 km以内，才能保证其经济性。

4.2.3.2 常规车辆尺寸及重量限制

根据《中华人民共和国道路交通安全法实施条例》相关内容规定，重型、中型载货汽车以及半挂车的限宽为2.55 m，限长为18.1 m。在高度方面，从地面到载物的最大高度为4.0 m，运载集装箱的车辆不得超过4.2 m。对于重型、中型载货汽车，其尺寸和质量限制由是否承载集装箱决定。

当货车不采用集装箱运输时，车辆能够允许承载的货物尺寸最大长度为12.16 m，最大宽度为2.55 m，最大高度为3.1 m，所能承载的最大质量约为10 t。采用集装箱作为运载工具进行运输时，参考相应标准可知，采用规格为20 GP① 的普通型集装箱，限制的长宽高尺寸（指内部限制尺寸）分别为5.898 m、2.352 m和2.385 m，配货毛重最多为18 t，可装载28 m^3 的货物；采用规格为40 GP的普通型集装箱，限制的长宽高尺寸（指内部限制尺寸）分别为12.032 m、2.352 m和2.385 m，配货毛重最多为28 t，可装载57 m^3 的货物；采用规格为40 GP的高型集装箱，限制的长宽高尺寸（指内部限制尺寸）分别为12.032 m、2.352 m和2.690 m，配货毛重最多为28 t，可装载67 m^3 的货物。总而言之，采用集装箱装运的车辆对模块最大尺寸限制为12 m × 2.3 m × 2.6 m。

通过对比可知，在尺寸方面采用无集装箱承载的货车运输要更具优势。集装箱运输功能模块时，其高度只能按最长边考虑，对长、宽的限制过小，在模块连接时无法形成较大空间。

4.2.3.3 模块在货车中的放置方法

在尺寸方面，模块的长度最好与车辆的最大长度呈倍数关系，这样能减少冗余面积，保证运输的经济性。常规货车的最大长度为12.16 m，取其整数12 m，模块的尺寸最好以3 m、4 m为倍数进行设计。参考箱式模块住宅案例，常用的模块长度多为6 m和12 m；在宽度和高度上，模块的尺寸只有比车辆最大宽度和高度小，才能正常运输；即模块最小边长度≤2.55 m。

本书采用的钢结构模块尺寸为6.0 m × 3.0 m × 2.5 m和6.0 m × 2.0 m × 2.5 m（图4.3），重量约为4.06 t，常规车辆能够以两个模块为一组进行运输，保证运输的经济性。

---

①GP为General Purpose（Containers）通用规格的缩写，为通用集装箱（无通风装置）通用规格的英文简称。

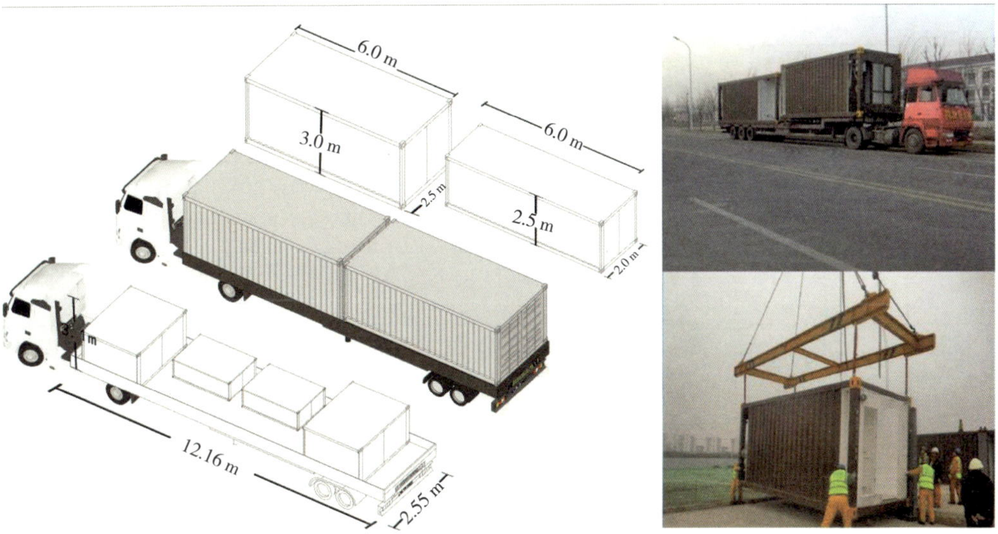

图 4.3 车辆承载模块示意图（组图）

在重量方面，使用不同的材料所产生的重量差别较大，钢筋混凝土（PC 结构）模块重量较大（PC 结构根据混凝土和配钢量不同，重量差别很大，钢筋混凝土每立方米的重量约为 2.5 t），不适合长距离运输。目前，多采用钢结构或木结构模块，模块本身自重较轻，且便于连接，一个尺寸为 6.0 m × 3.0 m × 2.7 m 的钢结构模块的重量约为 2.03 t，木结构模块的重量会更轻一些。

4.2.4 实地建造对模数设计的限制

实地建造包含模块及单元组装和起重机吊装这两个步骤。组装方面，由于在工厂生产过程中基本完成了模块组装流程，对模块的尺寸和限制如上节内容所述，这里不再赘述。吊装方面，根据模块重量不同应选择不同规模的起重机设备，主要包括汽车式起重机和塔式起重机，根据主臂长度和起重力矩不同，汽车式起重机的最大额定总起重量约为 130 t，塔式起重机重量会更大。

本文所采用的模块尺度为 12.16 m × 2.55 m × 3.1 m，单个重量约为 2 t，采用汽车式起重机即可满足要求。

4.2.5 综合分析

基于设计、生产、运输、施工对模块模数尺寸的限制（表 4.1），综合分析考虑如下：针对单个模块，开间最大尺寸应该为 2.5 m，进深最大尺寸为 11.5 m，高度最大尺寸为 3.1 m。为对于模块墙体厚度最大尺寸为 400 mm，宜采用 100 mm、200 mm、250 mm、300 mm 等。

表 4.1 预制构件尺寸限制因素和最大尺寸

步骤	限制因素细分	限制（推荐）尺寸
设计	住宅开间、进深和高度要求	开间尺寸宜以 200 mm、300 mm 的倍数设计，进深尺寸宜以 100 mm 的倍数设计，高度尺寸宜以 50 mm 的倍数设计
	墙体、内装部品要求	模数网格建议采用 200 mm 和 300 mm 进行灵活组合，承重墙和外围护墙厚度宜以 50 mm、100 mm 的倍数设计，内装部品宜以 100 mm 的倍数设计
	住宅层高、门窗洞口要求	装配式住宅的层高以 100 mm 的倍数设计，层高和室内净高的优先尺寸间隔为 100 mm
生产	固定模台方式	工厂常用的固定模台的最大宽度为 4.0 m，最大长度为 12.0 m。这种模台能生产的构件最大宽度为 3.7 m，最大长度为 11.5 m，在厚度上没有限制
	移动模台方式	工厂常用的移动模台的最大宽度为 3.5 m，最大长度为 9.0 m。这种模台能生产的构件最大宽度为 3.2 m，最大长度为 8.5 m，最大厚度为 0.4 m
运输	车辆尺寸	最大尺寸为 12.16 m × 2.55 m × 3.1 m
	集装箱尺寸	最大尺寸为 12 m × 2.3 m × 2.6 m
	道路限高	最大高度为 4.5 m
施工	—	可在 12.16 m × 2.55 m × 3.1 m 范围内设计

4.3 微型居住空间模块化构成优秀案例

4.3.1 Carabanchel 社区住宅

该项目建筑面积为 8 382.15 m^2，采用工业化的装配方式，共有 102 个住宅单元。结构为钢筋混凝土结构，外表皮采用白色穿孔钢板。在场地内部南、东、西三个方向形成共享的广场。建筑师首先考虑景观和日照条件，将客厅和卧室放在南部，同时遵循住宅是“居住的机器”的思路（图 4.4、图 4.5）。

图 4.4 社区外观 1

图 4.5　社区外观 2

项目建设遵循工业标准化，因此建设速度更快，更节省材料。同时，为保障施工安全，减少大型机械使用，102 个单元均使用模块化设计方法，包括墙面、隔板，甚至衣柜（单间卧室），均按工业化模块体系来建造。外墙上的白色穿孔板形成了一个通风的表皮，且保护了每户的隐私。同时，屋顶配备了太阳能系统，使建筑更加绿色、节能（图 4.6、图 4.7）。

图 4.6　住宅立面 1

图 4.7　住宅立面 2

4.3.2 UDQ 学生公寓

该项目位于汉堡威廉斯堡的新居民区，是全世界最大的模块化木制住宅，可容纳371个学生公寓。学生公寓的设计体现了通用设计原则：可持续、简约和包容。学生宿舍的用途和功能布局清晰地呈现在建筑外观上。底层和三个区域的交通核均采用常规的钢筋混凝土结构，并直接裸露混凝土外壳。底层结构如同混凝土的底座，上面堆放了371个住宅模块，共六层。底层交通核的楼板向外挑出，下部形成了设置落地窗的美食空间和共享空间。交通核之间的底层架空处不仅可以渗透城市景观，而且可为约400辆自行车提供停车场（图4.8至图4.11）。

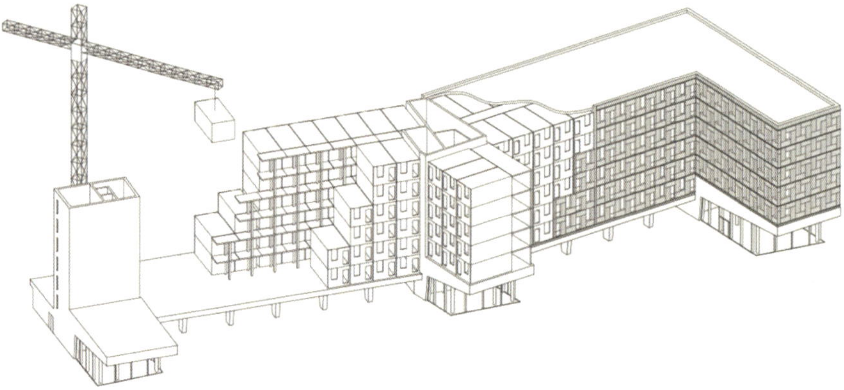

图 4.8　学生公寓轴测图

图 4.9　学生公寓外观

图 4.10　公寓标准层平面图

图 4.11　公寓室内空间（组图）

4.3.3 十度宅

住宅的原始面积仅 40 m^2，却要容纳日常起居、储藏收纳、办公、娱乐聚会等功能。为了最大限度地节省空间，建筑师将日常功能结构整合为“功能盒”，并将其置入公寓空间中。功能盒与功能盒之间构成新的活动区域。公寓从一个由一间间房子组成的常规形态，变成一个由盒子外连续空间组成的流动空间形态。 黄色的厨房柜体成为整个流动空间的中心，这样的改变让公寓完全消除了原本的压抑感（图 4.12 至图 4.14）。

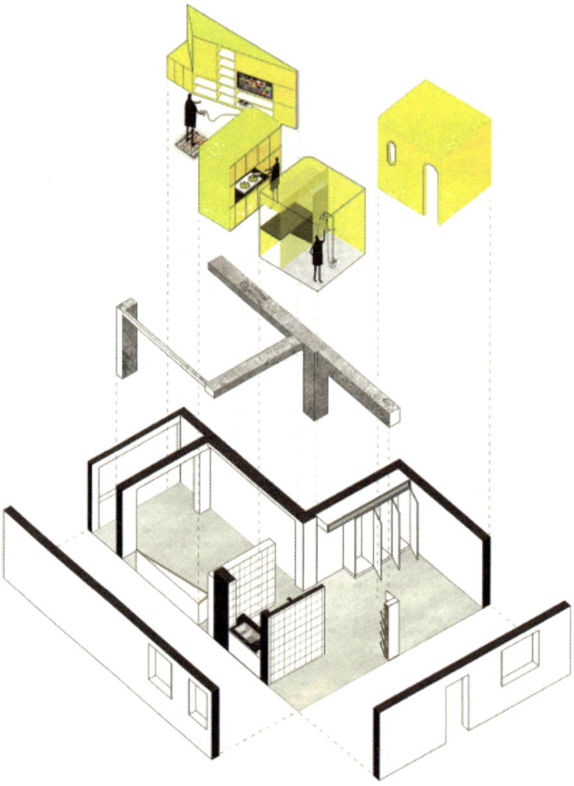

图 4.12　住宅轴测分解图

图 4.13　住宅室内空间效果图（组图）

图 4.14　住宅室内活动分解图

4.3.4　春晖路青年公寓

建筑首层被规划为公共部分，社区客厅模块和多功能活动模块置入其中。北侧建筑进深较小，仅能满足居住的需求，但扩大了居住者的生活范围。设计师加建外部廊道，将居住区域与各部分交通、屋顶相连接，增加阳光房，提供各类共享区域，包括社区餐厨、洗衣房、健身房等。东侧屋顶花园面向培训学校操场，形成开阔的空间氛围，成为社区中充满活力的户外交往空间（图 4.15 至图 4.17）。

图 4.15　青年公寓外观

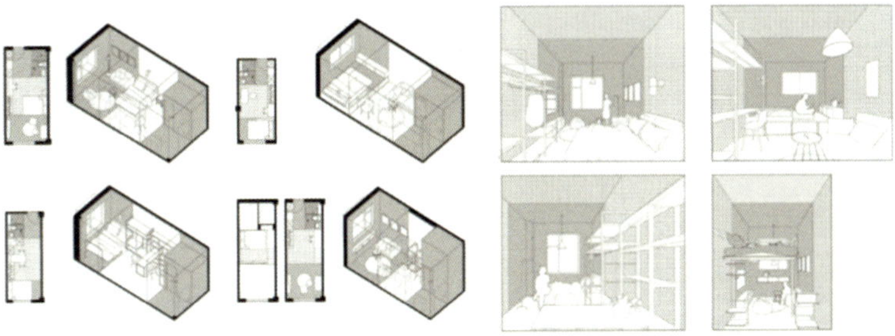

图 4.16　户型改造方法

图 4.17　青年公寓立面

居住部分建筑被灵活地划分成一百余个小空间，因进深各异，可将其归纳为五类户型，纵深方向划分为三至四个生活模块：入户/卫生间、起居、休息、学习，并通过不同的色系墙面搭配不同家具以区分模块。利用原有仓库较高的层高，加入 LOFT（位于屋顶之下、用于存放物品的阁楼）户型，垂直划分起居和睡眠空间。最终旨在通过系统化操作扩大小微户型内的空间心理尺度（图 4.18）。

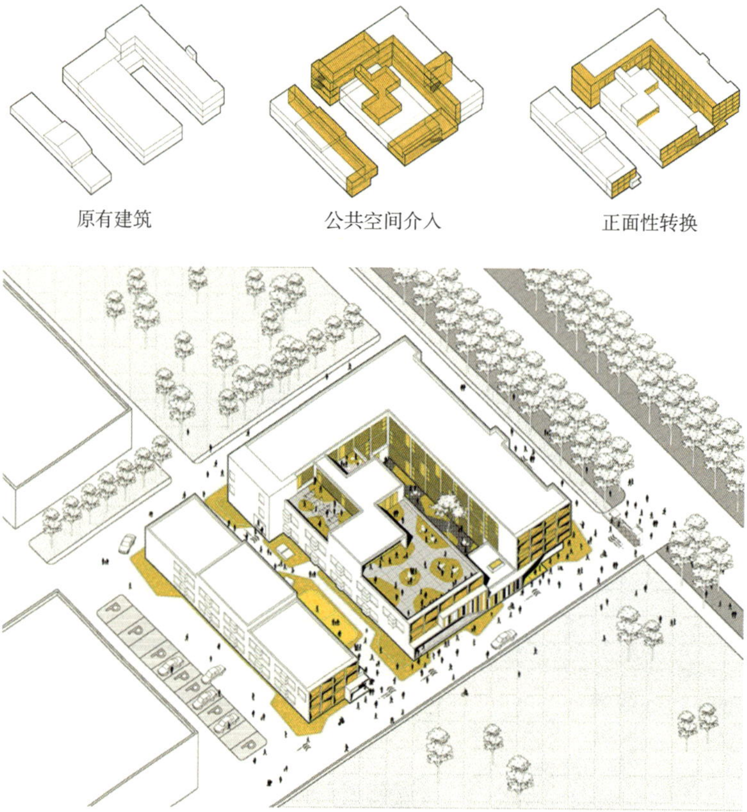

图 4.18　青年公寓空间组织（组图）

4.3.5　J 居住空间

J 居住空间位于西班牙马德里市的中心地区，原本是一个开放的阁楼式空间。其结构体系由承重墙、柱和水平方向上的加泰罗尼亚拱顶系统共同组成。本项目希望在一个现有的居住空间中再建造一个小房子模块，与其说这是一个室内设计和翻修项目，不如说它是一个独立住宅的设计项目。本项目的设计概念是创造 10 个位于不同高度的水平结构，每个水平结构都有着自己的功能，从而在各个高度上满足住户的日常需求（图 4.19、图 4.20）。

图 4.19　J 居住空间

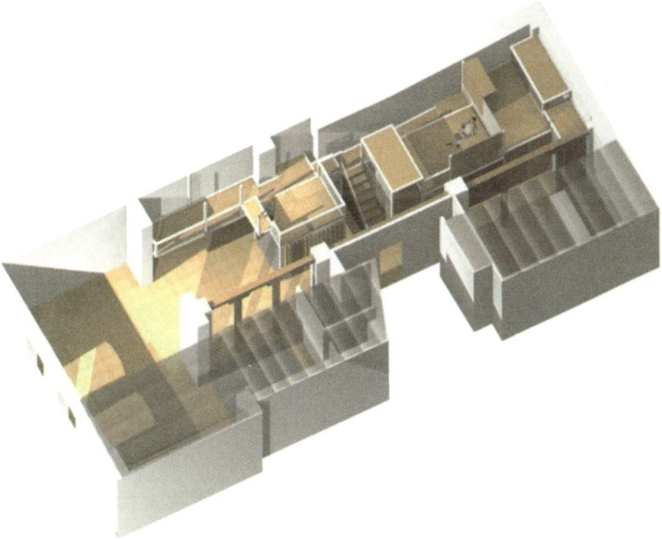

图 4.20　J 居住空间轴测图

建筑师通过运用白色金属框架来完成上述的建筑结构。这个金属框架的一部分直接落地，将荷载传递到地面，其余部分则悬挂在天花板上，而结构之间的空间则由木板或玻璃板填充。这个体量可以满足各种不同的功能需求，甚至可以根据具体情况来调节空间的规模，以适应私密或公共需求。不同高度的结构构件由楼梯或者短走廊联系在一起，不仅可以作为家具使用，还可以根据不同空间功能来改变自身的用途（图 4.21）。

图 4.21　室内空间效果（组图）

4.4　基于弹性模块化思路的功能模块优化设计

4.4.1　传统模块化设计与弹性模块化设计思路对比

4.4.1.1　传统模块化设计思路

传统模块化设计思路（图 4.22）主要依据住宅设计标准和与现有技术条件相匹配的装配式技术和手段，结合当地地理环境、人文环境要素进行住宅设计，重点在于住宅房型各个功能空间的模块化设计，并对各个功能空间的细部构造、施工技术进行探讨。也有一部分模块化针对其材料（钢材料、木材料），在考虑运输限制、结构构件关联性方面进行精细化设计。这些研究主要成果在于将模块依据功能进行划分，主要分为基本模块、功能单元模块（厨房模块、卫浴模块、卧室模块、娱乐扩展模块等）、功能组合模块，将多种功能模块按一定规律组合，形成住宅平面和标准层等，这些传统的模块化设计思路存在以下两个主要问题。

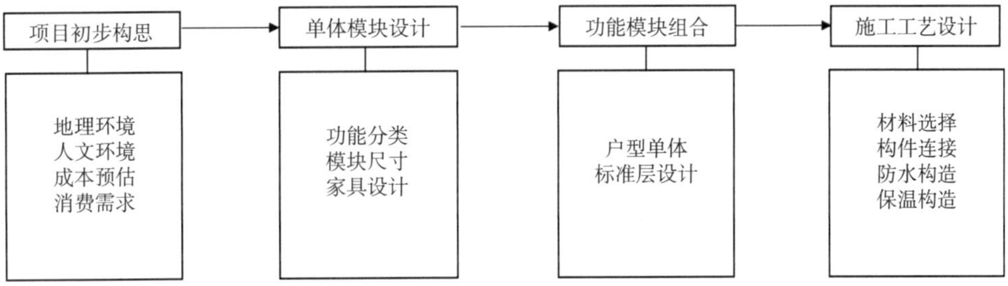

图 4.22　传统模块化设计思路

1. 功能模块尺寸多样，工厂难以大规模生产

在现有的实践思路中，由于缺乏良好的沟通，设计人员往往根据工厂已经定好的尺寸进行再设计，使得装配式构件形式较为单一，难以实现多样化发展。而在现有的论文研究中，模块的设计尺寸往往由功能特性、位置决定，尺寸多样。另外，一部分研究人员忽略模块跨度、刚度、细部构造等方面因素，造成工厂难以根据尺寸进行大规模生产，进而产生实际工程进度缓慢的问题。

2. 缺乏将新技术、新方法融入到模块化设计中去

在人工智能、移动机器人、智能立库、智能移动楼板（图 4.23）等新技术快速发展的今天，住宅从设计到建造都将产生新的变革。而传统的技术手段难以完全实现住宅模块化，采用老旧的施工技术和手段往往是延续装配式设计的老路，难以创新。当前的研究也体现了这一点，没有将新技术、新方法融入到模块化设计中去。当前模块化设计可通过新技术和新方法，助力发展邻里公共空间分时共享、弹性单元按需复合利用的居住

空间模块。

图 4.23 智能机械楼板与智能立库（组图）

（图片来源：谷德设计网）

综上所述，如何在保证工厂大规模生产的情况下，满足模块空间的多样性；如何利用新技术、新方法来探索新型模块化设计，挖掘模块化微型居住空间的可能性，是本章的研究重点。

4.4.1.2 弹性模块化设计思路

弹性模块化设计思路在传统设计思路的基础上，改善了其不足之处。第一，弹性模块将模块依据住户的需求分为基本模块和扩展模块，依据其特性进行再设计，以满足住户对于住宅多样化的定制需求。第二，弹性设计思路的扩展模块尺寸大多一致，这样不但能很大程度上减轻工厂大规模生产的负担，还能降低运输成本。第三，弹性模块化设计通过采用智能立库、可移动机器人等新技术，使得居民可以在同一地点、不同时间段中拥有不同的居住体验和品质变化（图 4.24）。

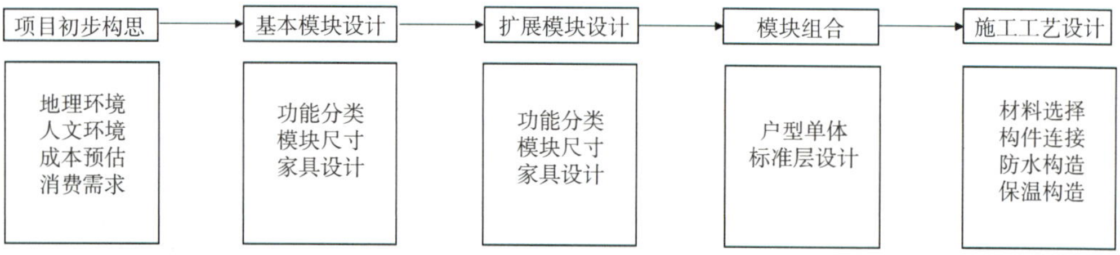

图 4.24 弹性模块化设计思路

基于这三点，此次弹性模块化设计的目的在于：各个功能模块能够在工厂大规模生产以及微型居住空间能够快速建造的前提下，通过运用新技术和手段来实现微型空间多样性，从而极大地提升住宅品质和住户的居住体验。设计核心在于解决以下几个问题。首先是工厂能大规模生产的模块尺寸设计。本章第二节重点介绍了模块、模数的限制因素和限制尺寸，工厂能预制的最大尺寸为 2.5 m × 11.5 m × 3.5 m，构件最大厚度为 400 mm。设计基本模块和扩展模块的尺寸会限制在此区间内，以方便工厂大规模预制生产。其次是在固定尺寸下如何放置功能。采用参数化设计方法，通过设计软件 Rhino

内的 Grasshopper 插件设置电池组，进行平面组合，从而实现固定空间的多样性数字化设计。最后是满足微型空间多样性的新技术、新手段，采用智能立库系统、可移动机械平台、智能化交互与控制系统、物联网系统等，将工业化停车空间常用的仓储体系转用到日常生活空间体系来。目前，智能化立库和受控运动机器人已在现代化仓储系统和工业流水线体系中广泛使用，在空间内部有效地控制与运输，能够大幅度提升工厂的制造效率和经济性。由于该系统的经济性、多样性十分贴合微型居住空间的特性，因而可以将其技术应用到民用住宅空间，特别是微型居住空间中去。

4.4.2 居住行为与功能模块的关系

4.4.2.1 居住行为分类

居住对象的生活行为是模块设计的核心。《2020 中国青年居住消费趋势报告》表明，购房者越年轻，其平均购房面积也就越小。其中，“90 后”的平均购房面积为 72.3 m^2，“95 后”的平均购房面积为 69.6 m^2，基本符合微型居住空间的标准（图 4.25）。基于此，本书的研究对象为“95 后”“90 后”等青年群体。本节重点考虑青年群体的居住特点和日常频发性行为，将居住行为分为两部分，分别为青年个体的居住基本行为和扩展行为（表 4.2）。

在基本行为方面，《2020 年中国互联网统计发展报告》《2020 年中国外卖行业发展分析报告》《2020 年中国快递产业发展报告》等表明，越来越多青年群体选择在家做饭，厨房的使用率增大。其次，部分住户周末的居家活动多以互联网社交、读书学习、体育锻炼为主。一部分住户网购次数增加，平时出门次数减少，会选择在网上购买日常生活用品。对于日常家务，一定数量的住户会选择互联网线下服务。由此可见，在衣食住行方面，“90 后”“95 后”等青年群体的居住行为与“70 后”“80 后”不尽相同，青年群体往往对空间面积使用要求不高，但对空间品质和需求方面要求较高。青年群体往往需要“麻雀虽小、五脏俱全”的住宅。

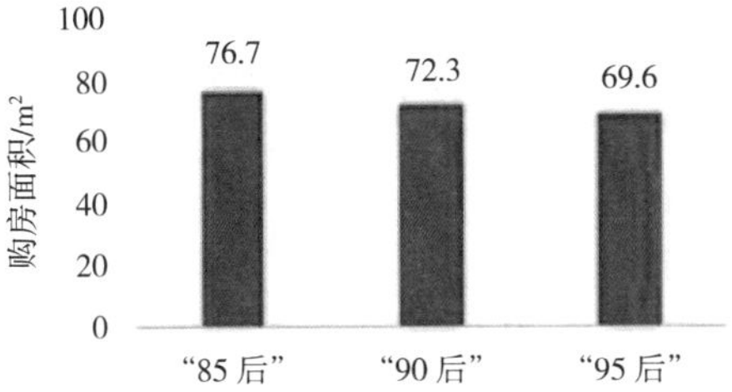

图 4.25 2019 年“85 后”“90 后”“95 后”平均购房面积

（图片来源：根据《2020 中国青年居住消费趋势报告》改绘）

在扩展行为方面，根据对青年群体生活行为特征的分析得出，社交行为是现代青年群体日常生活中必不可少的生活方式。社交行为可以分为线上与线下两方面，通过对社交行为的分析得出，线上的社交行为主要是为拓展社交面，以自身兴趣爱好为基础的行为。在互联网发达的今天，有多种途径进行线上社交。而线下社交行为过少则是青年群体日常生活中亟须解决的问题。具有一定私密性的共享空间是目前青年群体迫切需要的交流场所。另外，学习、健身也可归纳到扩展行为中去。

表 4.2　扩展行为和基本行为分类

分类	行为特性与需求	空间需求	模块分类
基本行为	日常生活所必需的行为，强调基本的生活习惯和生活场景，注重空间的精细化设计，并具有一定的广泛性	休息	休憩单元
		餐饮	厨房单元
		清洁	卫浴单元
		储存	储藏单元
扩展行为	在满足基本行为下所诞生的行为，重点在于增加居住空间品质，兼顾经济性和舒适性	学习	工作学习单元
		工作	
		健身	娱乐单元
		游戏	

4.4.2.2　居住行为属性与模块单元对应关系

研究居住行为与居住空间的关联机制，将居住行为的属性与空间功能、尺度和组织方式进行联系和划分，是模块及内部单元分类的重要依据。诸多学者在此方面展开研究，如日本学者吉阪隆正、平井圣对《雅典宪章》的“三分法”概念进行扩充，美国心理学家马斯洛的需求层次理论，心理学家库·勒温提出个人生活空间与行为关联公式等。国内在此方面的研究较为深入，如黄承元、严凤英、杨桂庆等，这些学者的研究表明空间属性会使个体行为和行动趋向发生变化，其中空间的私密性、内部作用人数是影响两者关系的重要因素。

一般来说，空间单元的私密程度与人的行为相互影响，当内部人员进行基本行为时，需要的空间面积较小、私密性较强，如休息、清洁单元，这种行为人数较少，一般为 1~2 人。当人进行扩展行为时，这些行为具有社交性和娱乐性质，因此人数会有所增加，其面积要求更大，私密性要求较低（图 4.26）。

对于模块及内部单元，如果休憩单元是作用于单人的私密空间，是最私密的区域，那么卫浴单元、厨房单元就是多人交替使用的公共性私密空间。娱乐单元和学习工作单元这种三人及三人以上作用空间，私密性降低，公共属性增强。

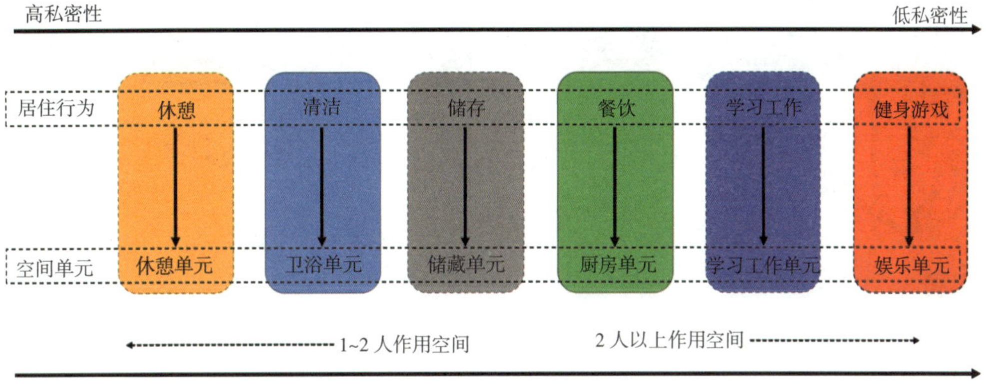

图 4.26 居住行为与空间单元设计关系

4.4.3 功能空间模块分类

通过查阅现有的装配式住宅设计规范可知，模块化设计通过将楼栋单元、套型和部品模块逐级分层，用以确立微型居住空间模块和单元高标准、高适应性的尺寸体系。当前套型平面由若干种不同功能空间模块或部品模块构成，通过模块组合满足多样性与可变性的居住需求。本次设计根据住户行为（基本行为、扩展行为）进行功能空间模块的分类，将功能空间模块拆分成两种类型：一种为基本功能模块，另一种为扩展功能模块。

4.4.3.1 基本功能模块

基本功能模块是指满足住户衣食住等基本行为、需求的模块。基本功能模块需要合理组织各个组成单元的尺寸，尽可能减少冗余面积，满足微型居住空间的要求。常用的基本功能模块包括厨房单元、卫浴单元和休憩单元等。基本功能模块宜满足下列要求。第一，结构相对独立，自成一体。多个基本功能模块在组合后能够直接使用。第二，具有可互换性。第三，设备、管道系统相对独立。通过主体结构、设备和管线集成设计，其在外部环境下可独立存在，并且在使用一定期限后可进行更新和替换。

4.4.3.2 扩展功能模块

扩展功能模块的部分设计思路、手法在当前微型住宅实际项目（图 4.27）中有所体现，但其技术手段仍受生产工具限制，无法完成大规模系统定制。扩展功能模块不仅能解决微型居住空间的功能尺寸限制问题，而且能在一定程度上解决住宅多样性定制问题。

图 4.27 白塔寺“未来之家”可移动模块（组图）

（图片来源：谷德设计网）

扩展功能模块是指住户在满足基本需求以外，根据自身喜好自主定制的模块。不同于基本功能模块的结构体系，扩展功能模块由扩展功能单元、立体机械钢架、功能单元输送装置组成。扩展功能单元是扩展功能模块的核心，采用固定尺寸设计，通过内部摆放不同的家具设施满足住户多样化的需求。立体机械钢架用于存放立体功能单元，属于扩展功能模块的支撑结构。功能单元输送装置用于传送、转换功能单元。

4.4.4 基本功能模块单元设计

基本功能模块主要分为卫浴单元、厨房单元、休憩单元和储藏单元。这些单元由于其功能具有普遍性，因而空间内部的家具种类比较固定。当前的设计方法多种多样，可供参考的案例也较多。

卫浴单元是满足住户基本清洁需求的模块，由于其私密性要求，空间整体封闭，多考虑其内部干湿空间尺寸的细节划分（如两分离、三分离卫生间）。厨房单元是满足住户基本餐饮需求的模块，其私密性要求不高，需要多考虑部品设计。另外，厨房单元可与扩展功能模块共同设计。休憩单元能够满足基本休息和娱乐需求，是住户日常起居最核心的场所。储藏单元是公共空间与私密空间的过渡空间，很多住户需要借助储藏空间来改善物品乱摆乱放的现象，可见储藏空间是住宅内部不可缺少的一部分。

4.4.4.1 卫浴单元设计

1. 卫浴单元分析

目前我国卫浴空间存在建造与室内装修相分离的问题。这种问题在装配式住宅中也有所体现，由于前期建造的设计不足，造成后期卫浴空间渗漏、通风差的问题时有发生。追溯整体卫浴的发展历程，美国是最早将浴室单元从建筑主体中分离出来并进行标准化设计生产的国家，美国将浴室称为“浴室舱”，这种整体卫浴在国外的应用非常普遍，特别是在学校宿舍、宾馆、公寓等重复性高的建筑中。不同于目前我国推广的整体卫浴，预制卫浴模块在建筑过程中完成，不作二次装饰，预制卫生洁具模块出厂完整，也不受现场组装的限制。

目前，卫浴单元的平面布局根据面积尺寸和干湿分区分为三种，分别为一体式、二分离式和三分离式（图 4.28）。一体式适合卫浴单元面积较小、居住人数为两人以下的居住空间，二分离式和三分离式可根据用户需求和居住空间面积进行设计。本书中的基本模块主要采用三分离式卫浴单元进行设计。

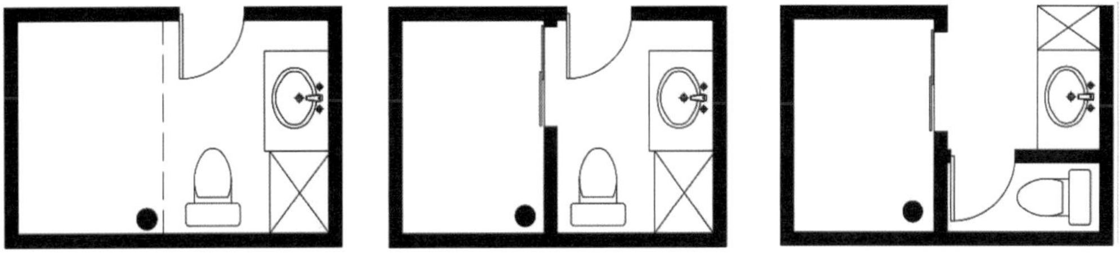

图 4.28　卫浴空间组织方式

卫浴单元设计分为内部部品和外部结构两方面。内部部品的设计要根据其行为要素进行逐一分解。卫浴单元作为基本模块中相对封闭的空间，对空间适居性要求较高。青年群体在卫浴单元进行的基本行为包括沐浴、洗漱、储藏、洗衣和如厕等。根据居住行为私密性与空间单元对应关系，可将卫浴单元分为沐浴区、洗漱区、洗衣区和如厕区，其中洗衣区和如厕区可根据面积设计储藏空间，功能分区内的家具尺寸详见附录 B。

2. 卫浴单元图示

根据所收集的相关资料和对微型居住空间进行实地调研分析，此次共设计了四种卫浴单元（表 4.3），包括一体式、二分离式和三分离式卫浴单元，每种卫浴单元以模块标准尺寸为基础，对内部储藏空间、卫生洁具摆放和干湿分离进行了设计。

表 4.3　卫浴单元汇总

名称	说明	图示/mm
卫浴单元 A	该单元能够满足住户基本使用需求，平面布局较为紧凑，适用于 1~2 人住户使用。面宽为 1 600 mm，进深为 2 100 mm，净面积为 3.36 m²	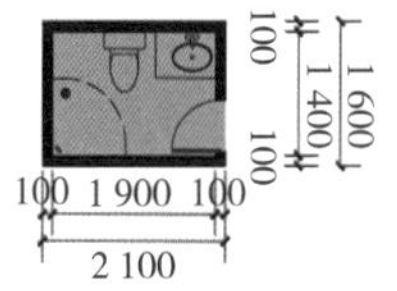
卫浴单元 B	该单元采用三分离式组合方式，在卫浴单元 A 的基础上增加了储藏空间。面宽为 2 100 mm，进深为 3 000 mm，净面积为 6.30 m²	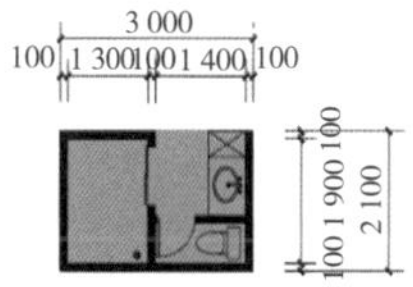
卫浴单元 C	该单元采用二分离式组合方式，适用于面宽小、进深大的套型平面，例如单身公寓、青年住宅等。面宽为 1 600 mm，进深为 2 600 mm，净面积为 4.16 m²	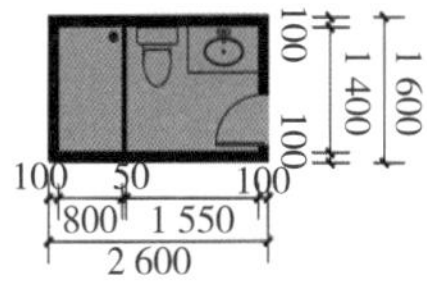

续表

名称	说明	图示/mm
卫浴单元 D	该单元采用三分离组合方式，在卫浴单元 B 的基础上缩减了一定的面积。面宽为 1 700 mm，进深为 3 000 mm，净面积为 5.60 m^2	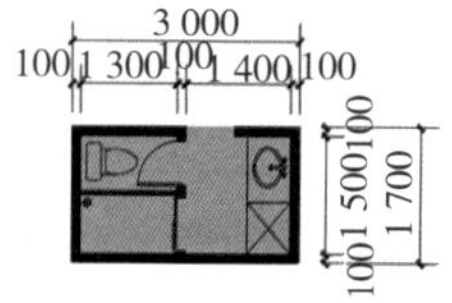

4.4.4.2　厨房单元设计

1. *厨房单元分析*

一般来说，家庭结构越完整、家庭成员越多的家庭对厨房空间的要求就越高。厨房空间作为家庭必不可少的空间，需要进行模块化设计。我国的厨房设计多采用封闭式，大多将桌椅与客厅空间相连，将烹饪、洗涤等工作区放在一起。这样做有两个好处：一是可以隔离油烟污染；二是能够合理布置管道。近几年，随着厨房用具技术的创新以及美学的影响，开放式厨房的数量有所增加。

厨房单元应包含操作、清洗、烹饪、冷藏等功能。根据“厨房工作三角原则”可以将平面布置为单排型、双排型、L 型、U 型四种类型（图 4.29）。其中单排型布局与 L 型布局较为常见，适合面积较小的厨房。双排型布局的厨房两侧间隔尺寸根据人体工程学通常定位为 750~900 mm，U 型厨房预留通道尺寸最小为 700 mm。

图 4.29　厨房空间组织方式

厨房单元的设计与卫浴单元类似，二者都是模块内使用频率较高、注重区域干湿分离的单元。厨房单元重点考虑清洗—食材处理—烹饪三个操作流程中部品、电器设备的尺寸和位置。此外，操作步骤跟厨房的布局设计有很大关系，单排型和 L 型厨房重点考虑单人操作的便捷性，尽量用一条走道将整个操作流程串联起来，双排型和 U 型厨房重点考虑多人同时操作的多样性，尽量满足每个人对厨房的使用需求。

厨房单元本质上是重复操作作业的空间，对空间适居性要求较低，青年群体在厨房单元进行的基本行为包括清洁、烹饪、储藏等。根据居住行为私密性与空间单元的对应关系，可将厨房单元分为烹饪区、清洁区、操作区和自定制区。在烹饪区和操作区可根据面积要求设计储藏空间。功能分区内家具尺寸详见附录 B。

2. *厨房单元图示*

根据相关资料和微型居住空间实地调研分析，此次共设计了四种厨房单元，包括单排型、L 型和 U 型厨房单元。每种厨房单元以模块标准尺寸为基础，对内部储藏空间、清洁设备和冰箱位置进行了设计，具体种类见表 4.4。

表 4.4　厨房单元种类

名称	说明	图示/mm
厨房单元 A	该单元为单排型厨房，可作开放式厨房使用，适合长面宽、短进深的模块使用。其面宽为 3 300 mm，进深为 1 300 mm，净面积为 4.29 m^2	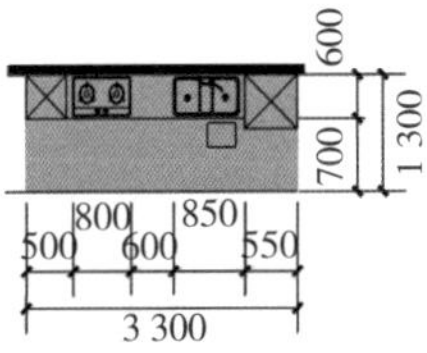
厨房单元 B	该单元为 L 型厨房，可作开放式厨房使用，适合短面宽、长进深的模块使用。其面宽为 2 600 mm，进深为 1 900 mm，净面积为 4.94 m^2	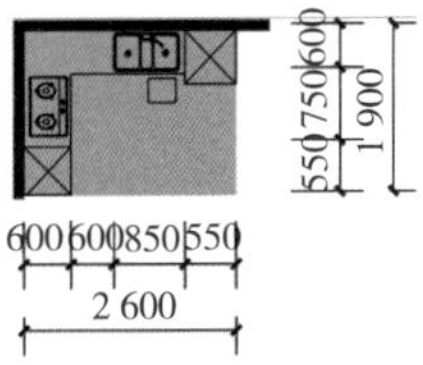
厨房单元 C	该单元为 U 型厨房，单元内单独放置了操作平台。其面宽为 2 600 mm，进深为 1 700 mm，净面积为 4.42 m^2	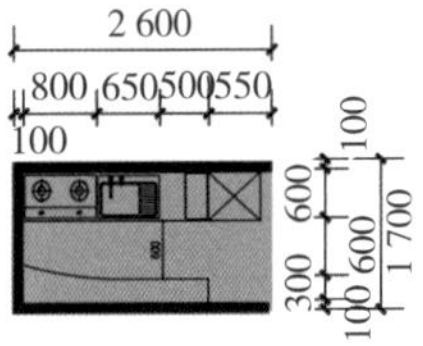
厨房单元 D	该单元为 U 型厨房，其面宽为 2 800 mm，进深为 1 900 mm，净面积为 5.32 m^2	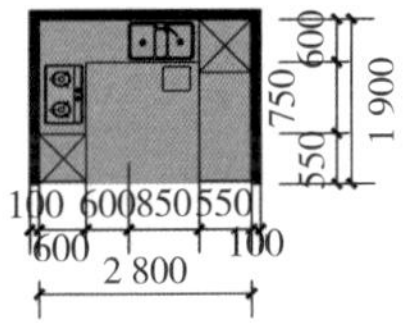

4.4.4.3　休憩单元设计

1. 休憩单元分析

休憩单元主要是住户进行休息、睡觉等基本行为的场所，有时兼顾学习、娱乐等其他活动。与扩展模块所包含的娱乐活动不同，休憩单元包含的娱乐功能具有普遍性，即不需要在特殊场景，不需要借助特殊设施所能进行的娱乐活动，例如：观看电视、读书、养宠物等。由于青年人群工作强度较大，休憩模块成为他们最主要的活动场所，其中主要活动包括就寝、休息、游戏、读书等。休憩模块主要分为三个区：交流娱乐区、休息就寝区和自定制区。功能分区内家具尺寸详见附录 B。

在休憩单元中，为满足住户基本的起居活动，床与收纳柜（梳妆台）之间需要 940~990 mm 的宽度，以便住户整理床铺用品和上下床等。如果休憩单元中有电视设备，需要预留 200 mm 的安装空间，电视与沙发之间的最小距离为 1 200 mm；若家中有老年人，还需考虑无障碍设计，以保证室内走道净宽至少为 1 200 mm，同时还应有

1 500 mm 供轮椅器械回转的空间。为了方便对休憩单元的设计研究，本次选取的单人床的尺寸为 1 100 mm × 2 000 mm，双人床的尺寸为 1 500 mm × 2 000 mm，梳妆台的尺寸为 550 mm × 900 mm，床头柜的尺寸为 450 mm × 450 mm，衣柜进深为 600 mm。

2. 休憩单元图示

根据相关资料和对微型居住空间的实地调研分析，按最小面积和扩展面积进行设计，共设计了三种休憩单元。每种单元以模块标准尺寸为基础，对内部床、收纳柜和电视等设备以及扩展功能放置点尺寸等进行设计，具体种类见表 4.5。

表 4.5　休憩单元种类

名称	说明	图示/mm
休憩单元 A	该单元是满足住户基本休憩需求的最小面积。该休憩单元布置适用于进深较长、面宽较短的套型空间。休憩模块放置单人床，适合一人居住。其面宽为 3 400 mm，进深为 3 400 mm，净面积为 11.56 m²	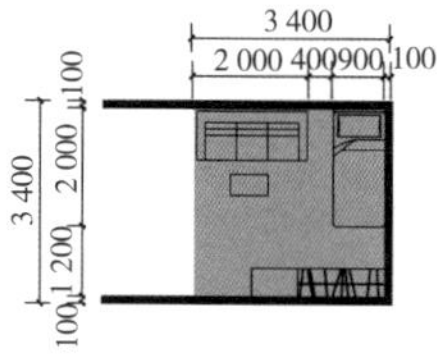
休憩单元 B	该单元是单元 A 的进阶版，采用可折叠双人床，平时可用作沙发，当需要休息时可将部品组合形成双人床，该模块同时具备休息和部分娱乐功能，适合开间小、进深较大的套型。其面宽为 3 500 mm，进深为 4 500 mm，净面积为 15.75 m²	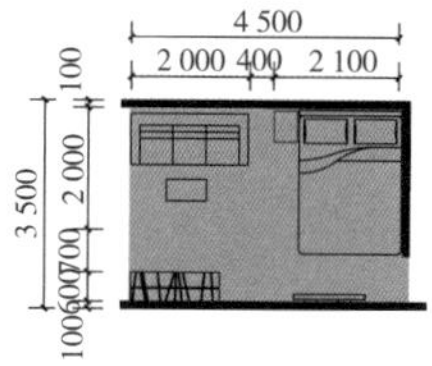
休憩单元 C	该单元是单元 B 的进阶版，采用可折叠双人床、旋转立柜、折叠桌椅等，具备休憩、娱乐和学习功能。其面宽为 3 000 mm，进深为 4 680 mm，净面积为 14.04 m²	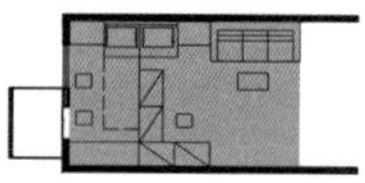

4.4.5　扩展功能模块单元设计

扩展功能模块是由住户根据自身喜好所自主定制的模块。以家庭为核心的住宅在满足基本生活需求外，往往更要满足每个人不同的个性化需求。可以将扩展功能模块视为一个整体单元进行功能空间的有机组合。在微型居住空间的面积限制下，可通过协同效益实现微型居住空间的功能互补，实现多种多样的空间变化。

在扩展功能模块中，住户聚会、工作及健身等状态由不同的扩展功能单元定义。扩展功能单元是由 3.2 m^3（2 m × 2 m × 0.8 m）或 4.0 m^3（2 m × 2.5 m × 0.8 m）的矩形空间构成的。在平面上放置家具构成工作学习单元、娱乐单元（图 4.30）。

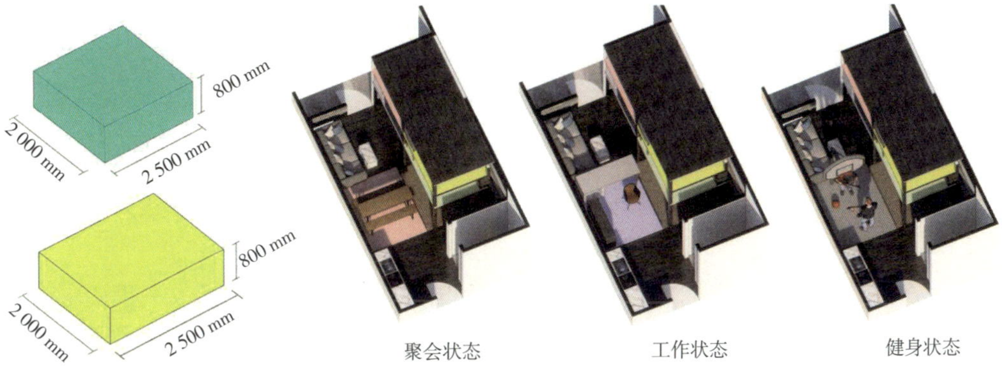

图 4.30　扩展单元尺寸设置

工作学习单元可以满足住户日常阅读、学习、工作等需求。娱乐单元可满足住户健身、玩游戏、听音乐等需求。其中，扩展功能单元被放置在立体机械货架内，通过输送装置来移动、储存，形成了不断变化的空间形态，创造了住户多样的空间体验，使得一个扩展功能模块内可以包含多种功能。

本节主要针对居民的扩展行为，对扩展功能单元进行设计。依据居住行为的动静关系，扩展功能模块可分为工作学习单元和娱乐单元。由于这些单元具有功能的特殊性，因而空间内部的家具可以依据住户需求进行个性化定制（图 4.31）。

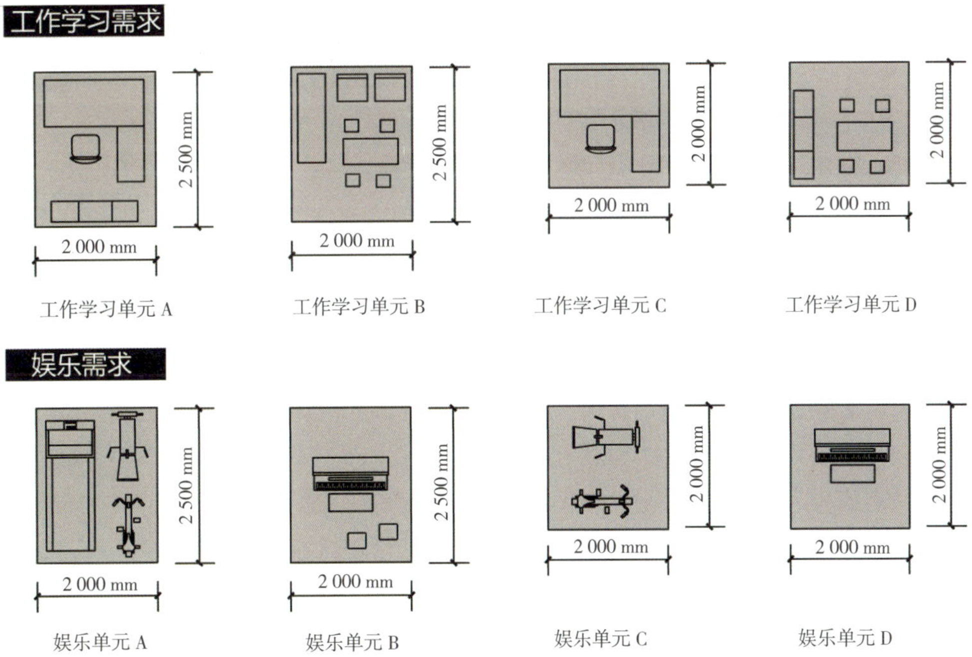

图 4.31　住户根据需求进行个性化定制

4.4.5.1 工作学习单元设计

1. 工作学习单元分析

随着青年群体工作生活一体化趋势逐渐增长，很多青年群体表示会经常居家工作学习，因此在扩展功能模块中有必要设置工作学习单元。工作学习单元不仅要满足住户日常读书、学习、工作等，还应该具有收纳、储藏、展示等功能。此类活动需要安静、集中的环境，遂将此类活动放置于工作学习单元中。

在设计工作学习单元时，首先需要考虑空间的集约和转化，通过折叠式模块化和移动式家具（图 4.32），满足住户多样化的行为需求，使单元既可以用来工作学习，又可以通过家具变化，将工作学习空间转化为展览、储藏空间；其次需要考虑住户的工作学习行为习惯，应将照明设施设计在工作区的两侧，不宜将灯具布置在工作位置的正前方，以减少光线对学习工作的不利影响。

图 4.32 多功能家具（组图）

（图片来源：谷德设计网）

在工作学习单元设计中，家具设施主要包括书桌、座椅、书柜、电脑灯具等。若空间允许，还可以增加展柜、可拆卸隔墙，形成展示、储藏空间。青年群体的主要活动包括学习、工作、储藏、展示等。此单元主要分为四个区：工作学习区、储藏区、展示区、自定制区。功能分区内家具尺寸详见附录 B。

在家具摆放方面，需要考虑书桌、座椅和走道之间的尺度关系。若座椅周围需要设置走道，则书桌与周围家具的距离不小于 1 200 mm；若不需要设置走道，则书桌与周围家具的距离应不小于 750 mm。一般来说，单人家庭书桌的桌面尺寸应在 600 mm × 1 100 mm 至 750 mm × 1 500 mm 之间，高度应为 750~780 mm，同时考虑到人的双腿在桌下的活动区域，书桌底下应留有不小于 580 mm 的净高度。为保证使用者的舒适度，座椅尺寸应尽量与书桌高度尺寸配套。座椅高度一般应为 380~450 mm。

2. 工作学习单元图示

根据相关资料，针对实际调研中出现的问题，结合设计标准对模块尺度的要求，在 2 m × 2 m 和 2 m × 2.5 m 两种面积的工作学习单元中，对家具尺寸、种类和摆放位置进行了优化设计，具体种类见表 4.6。

表 4.6　工作学习单元种类

名称	说明	图示/mm	
工作学习单元 A	该单元是满足住户基本工作、学习需求的最小面积，该单元布置适用于扩展模块面积较小的套型空间。工作学习单元内放置桌椅，适合一人学习、工作。其面宽、进深均为 2 000 mm，净面积为 4.00 m²	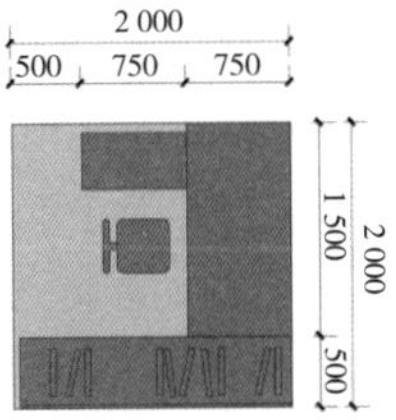	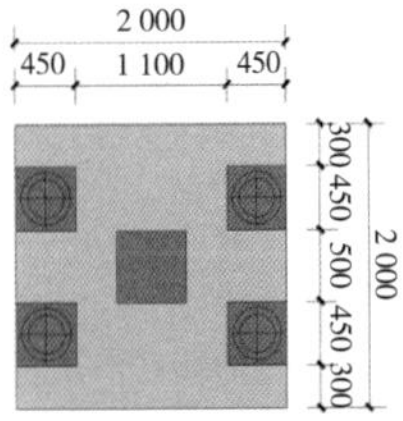
工作学习单元 B	该单元是 A 的进阶版，在其内部设置桌椅、书柜、展台等。该单元适合 2~3 人学习、工作，同时具备部分展览功能。其面宽为 2 000 mm，进深为 2 500 mm，净面积为 5.00 m²	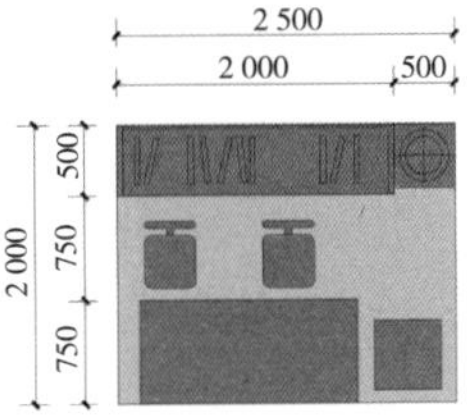	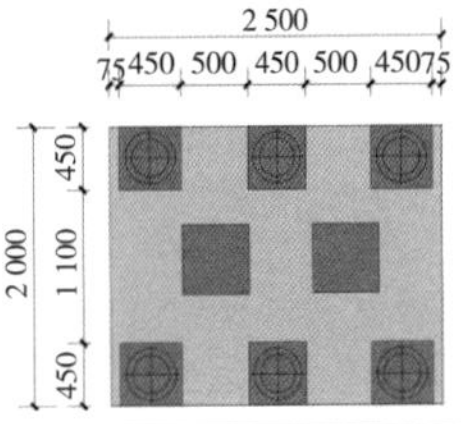

4.4.5.2　娱乐单元设计

1. 娱乐单元分析

娱乐单元对内不仅要满足住户锻炼、演奏等日常爱好需求，对外还要满足接待亲朋好友、举办家庭聚会等需求。在功能模块设计中，娱乐单元通常与其他基本模块进行连接，从而起到了过渡空间的作用。在娱乐单元设计中，家具主要包括沙发、茶几、电视柜、健身器械、演奏器械等。根据不同住户的喜好可以将娱乐单元分为四个区：聚会交流区、健身区、演奏区、自定制区。功能分区内家具尺寸详见附录 B。

在家具摆放尺寸方面，重点考虑沙发、茶几和走道的位置关系。目前市场上售卖的沙发主要有单人沙发、双人沙发和三人沙发三种。为了便于娱乐单元的设计，选择尺寸为 800 mm × 1 000 mm 的单人沙发与尺寸为为 800 mm × 1 800 mm 的双人沙发。当沙发与茶几之间不需要设置单人走道时，沙发与茶几的距离应不小于 400 mm；当需要设置单人走道时，二者之间的距离应不小于 760 mm；沙发可根据数量和摆放位置形成开放或半开放空间，不仅加强了娱乐单元空间限定功能，还促进了人与人之间的交流娱乐行为的发生。

除了沙发、茶几和走道，娱乐单元还应考虑电视的视距问题。目前销量最多的且在经济上能够被大部分住户所接受的是 36 寸和 42 寸的液晶电视，此类电视应以 2.02~2.55 m 作为最佳视距范围，扩展模块设计应符合该视距要求。

2. 娱乐单元图示

根据相关资料和微型居住空间实地调研分析，共设计了三种娱乐单元，在 2 m × 2 m 和 2 m × 2.5 m 两种面积的娱乐单元中，对家具尺寸、种类、摆放位置和电视视距进行了设计，具体种类见表 4.7。

表 4.7 娱乐单元种类

名称	说明	图示/mm	
娱乐单元 A	该娱乐单元主要功能为接待和家庭聚会，在其内部可设置双人沙发、茶几、电视柜、展台等家具。该单元分为 2 m × 2 m 基础版和 2 m × 2.5 m 进阶版两种类型	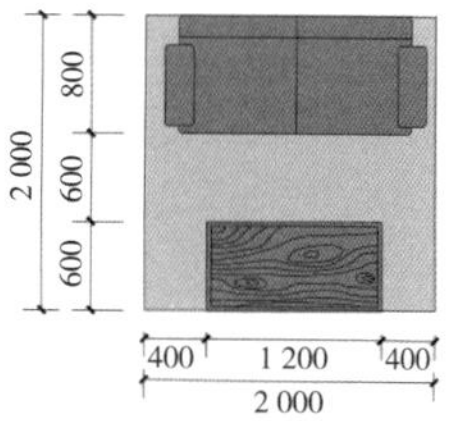	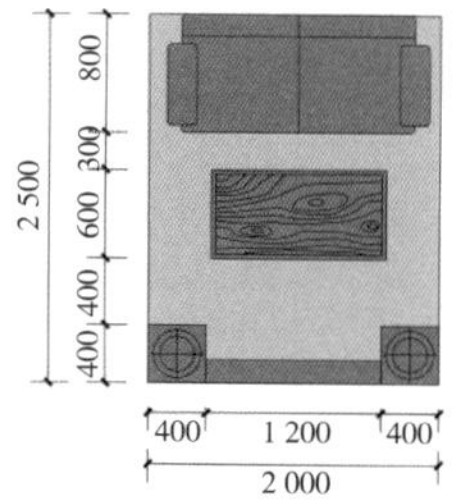
娱乐单元 B	该娱乐单元主要功能为健身，在其内部可设置跑步机、健身单车、力量仪器等器材。该单元分为 2 m × 2 m 基础版和 2 m × 2.5 m 进阶版两种类型	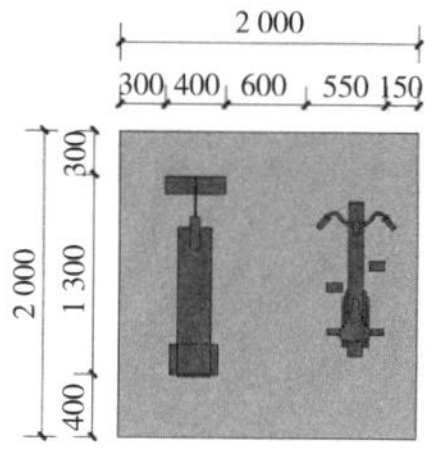	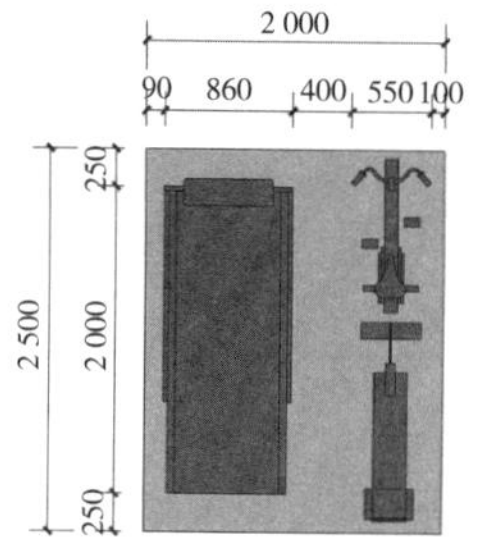
娱乐单元C	该娱乐单元主要功能为乐曲演奏，在其内部可设置电子琴、钢琴等乐器。该单元分为 2 m × 2 m 基础版和 2 m × 2.5 m 进阶版两种类型	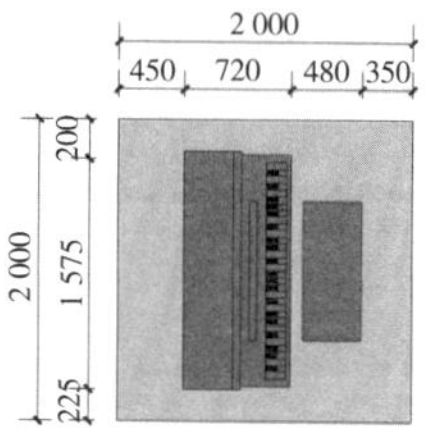	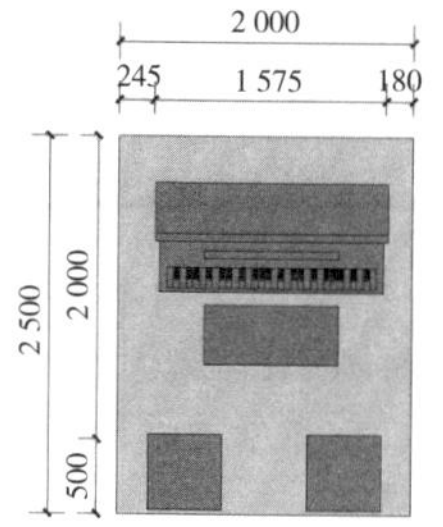

4.5 功能单元及模块优化组合设计

通过上一节对基本模块和扩展模块内部单元空间的设计，本节尝试采用参数化工具对内部单元进行优化组合，从而形成符合不同人群使用需求的功能模块。参数化设计通过计算机模拟，在较短时间内直接生成多样的空间形态和复杂的组合方式，方便设计者进行直观的分析对比。另外，其设计成果能在艺术造型和施工建设中进行可视化表达。这些优点能够为装配式住宅从设计到施工的一体化实施提供重要的保障。

4.5.1 平面组合思路

基本模块和扩展模块除了能够满足住户各项需求和实现多样的空间形态，还需要通过模块之间的组合满足不同住宅平面功能的要求。其平面组合分为以下两个步骤：首先将基本模块内的三种单元（卫浴单元、厨房单元、休憩单元）进行组合，形成多种符合用户需求和尺度要求的基本模块；其次将扩展模块内的两种单元（娱乐单元、工作学习单元）进行组合，形成多种扩展模块。

在平面组合上采用参数化设计方法，依据功能单元拓扑关系和场地尺寸进行组合设计（图 4.33）。参数化方法能够从“功能”“空间关系”“尺度”三个方面对模块及内部单元进行可迭代的量化分析。设计者通过比较迭代结果与实际效果在使用过程中的差别，为模块化住宅提供理论和现实依据。采用参数化工具的模块平面演变如下：在基本模块中，三个单元之间的拓扑关系决定了住户在此模块中复杂的行为模式，通过设置场地面积和入口点就可以初步建立基本模块功能组织示意图。设计者可通过深化示意图得到最终的基本模块平面图。当基本模块与扩展模块设计完成后，可通过灵活的布局形式生成住宅标准层平面。

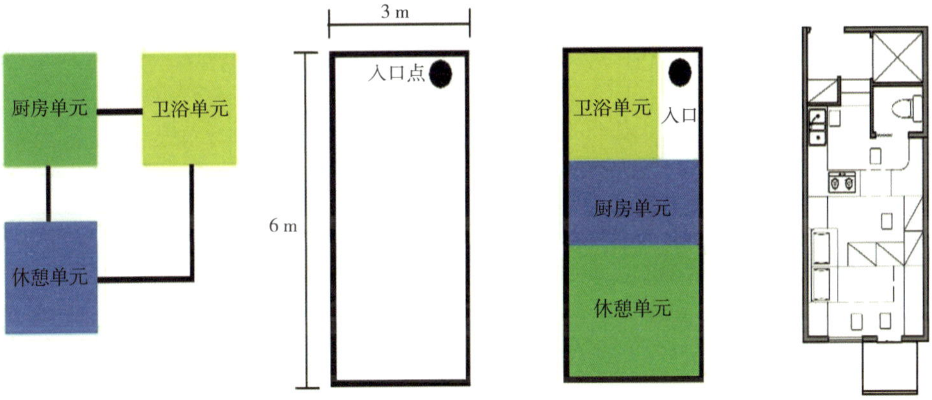

图 4.33 基本模块组成思路

4.5.2 基于参数化方法的平面组合演示

基本模块和扩展模块具有较强的独立性，二者相互之间的组合也较为灵活，其独立性和灵活性在改变住宅空间形态的同时也为住宅设计带来了一系列的问题。参数化设计方法能够合理解决模块组合灵活性的问题。设计者通过参数化算法和可视化分析能够直观地分析每个模块之间的相互关系，便于判断模块间组合的可能性，同时在设计中通过算法迭代分析，对每个模块的位置进行改进、优化，极大地提高了设计者的工作效率，并且保证了设计的准确度。

RI 组件包含单个空间名称、尺寸、连接属性等信息，HI 组件包含场地方位、出入口位置等信息，M-FPG 和 S-ES 组件为 RI 和 HI 提供空间组合及分析（图 4.34）。设计的基本步骤为：在 Grasshopper 软件中将 RI 与 HI 组件连接，形成具有房屋边界、入口位置、各个空间尺度的数据库，将数据库连接到 M-FPG 组件内，在 Rhinoceros 软件中形成多样的空间组合图示，最后在 S-ES 组件中进行迭代计算，最终形成符合场地尺寸要求的空间组合。具体步骤如图 4.35 所示。

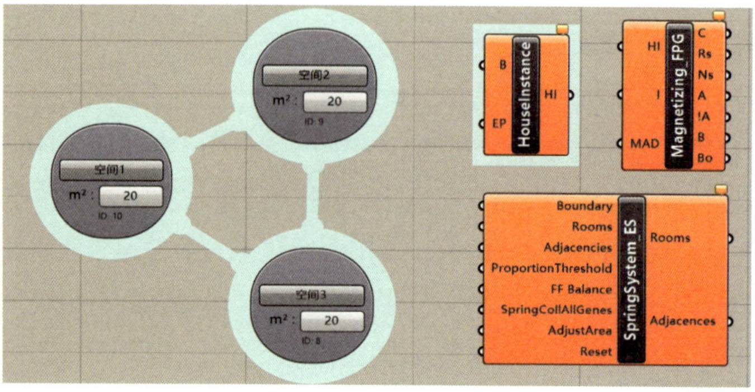

图 4.34　相关组件图示

1. 第一步：准备阶段

（1）在 Grasshopper 软件中设置卫浴单元、厨房单元、休憩单元面积及其面积尺度和单元拓扑关系。

（2）在 Rhinoceros 软件中设计 3 m × 6 m 的场地尺寸、入口点位置等。

2. 第二步：接收器设置

在 Grasshopper 软件中将步骤一相关电池组（场地范围、入口位置和拓扑关系等）连入 HI 接收器中，形成数据库。

3. 第三步：功能单元调整

（1）通过将数据库连入 M-FPG 组件，设置最大距离和迭代次数，完成功能单元基本调整。

（2）对房屋走廊和空间进行颜色区分，最终形成基本功能图示。

4. 第四步：功能单元迭代与分析

（1）将 M-PGF 组件与 S-ES 组件相连，设置迭代词隔和迭代次数，将迭代次数调协为 3~5 次选择 2~3 个最符合要求的单元组合图示。

（2）对单元组合图示进行连接性分析，将其结果与步骤三图示进行比较，从而得到更好的解决方案，将其列为参考案例。

4.5.3　模块平面组合设计

通过前两节对模块组合思路的介绍和参数化设计的演示，此部分进行模块平面组合深化。笔者将设计四种基本模块和两种扩展模块，通过模块之间的组合形成针对不同人群需求的套型，为以后的实践项目提供借鉴。

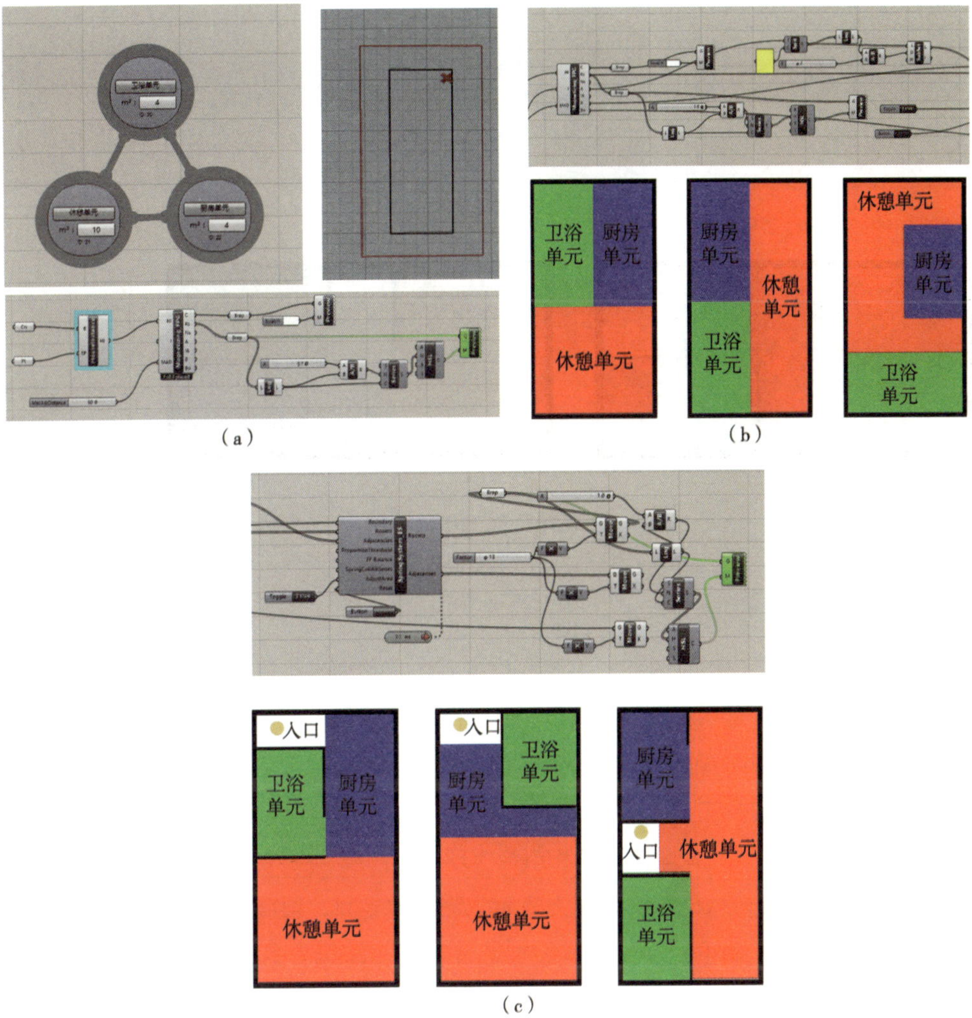

图 4.35　流程步骤图示

(a) 接收器设置；(b) 功能单元调整；(c) 功能单元迭代与分析

4.5.3.1　基本模块组合设计

此次设计的基本模块面积为 18 m^2（3 m × 6 m），这种模块能够基本满足单身青年、新婚情侣等 1~2 人的起居生活，其最大的特点在于通过设计休憩单元，将卧室与客厅合用，减少了一定的居住面积，在模块内部设置卫浴、厨房、休憩单元。卫浴单元为封闭式，厨房和休憩单元为开放式，模块整体形状为矩形，较为规整，通过参数化工具进行设计及优化产生的组合如图 4.36 所示。

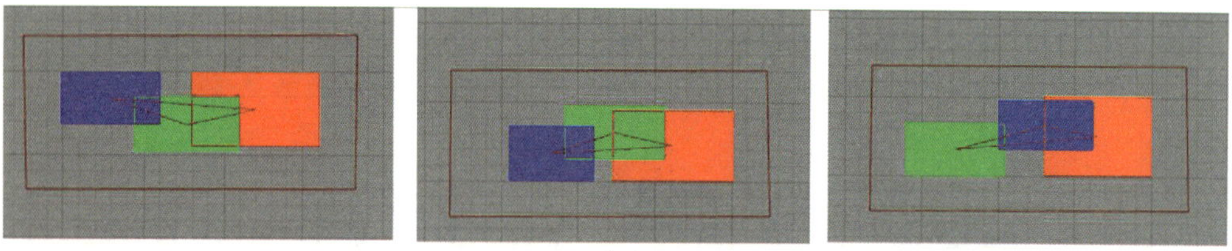

(a)

(b)

图 4.36　基本模块组合

(a)在 RH 功能空间优化组合图示;(b)系统分析后的组合图示

1. 基本模块 A

该模块根据第一种单元组合图示进行深化设计，采用两分离式卫浴单元，将如厕和淋浴空间分离，提高每个区域的使用效率，同时有序放置内部部品，便于清扫打理。厨房单元采用 U 型开敞布置，综合考虑内部操作流程、部品的合理尺寸及位置。各个步骤有序连接，尽可能减少冗余面积，加强操作流程与储藏功能的合作；休憩单元采用可移动立柜和组合沙发，通过家具的移动和组合实现住户休憩、工作、娱乐等不同状态。

该基本模块面积为 18 m²，开间为 3 m，进深为 6 m，层高为 2.5 m，其中休憩单元面积为 8.1 m²，卫浴单元面积为 2.6 m²，厨房单元面积为 3.2 m²，适用于 1~2 人家庭结构的住户（图 4.37）。

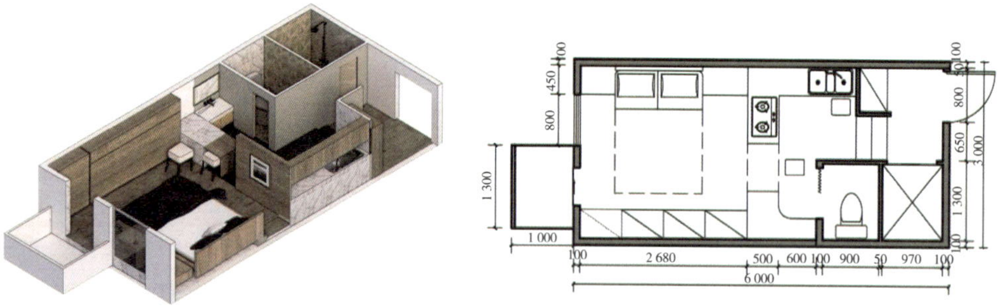

图 4.37　基本模块 A 平面图（组图）（单位：mm）

2. 基本模块 B

该模块是在模块 A 的基础上进行一定的空间变化形成的扩展模块，采用复式结构，通过增加休憩单元面积丰富模块的平面布局，同时考虑动静分区，将部分休憩空间设置于二层，使活动交流空间更为舒适宽敞，在一定程度上体现了对住户的人文关怀。该模块面积为 21 m²，模块层高为 3.6 m，其中休憩单元面积为 11.1 m²，卫浴单元面积为 2.6 m²，厨房单元面积为 3.2 m²，适用于 2~3 人家庭结构的住户（图 4.38）。

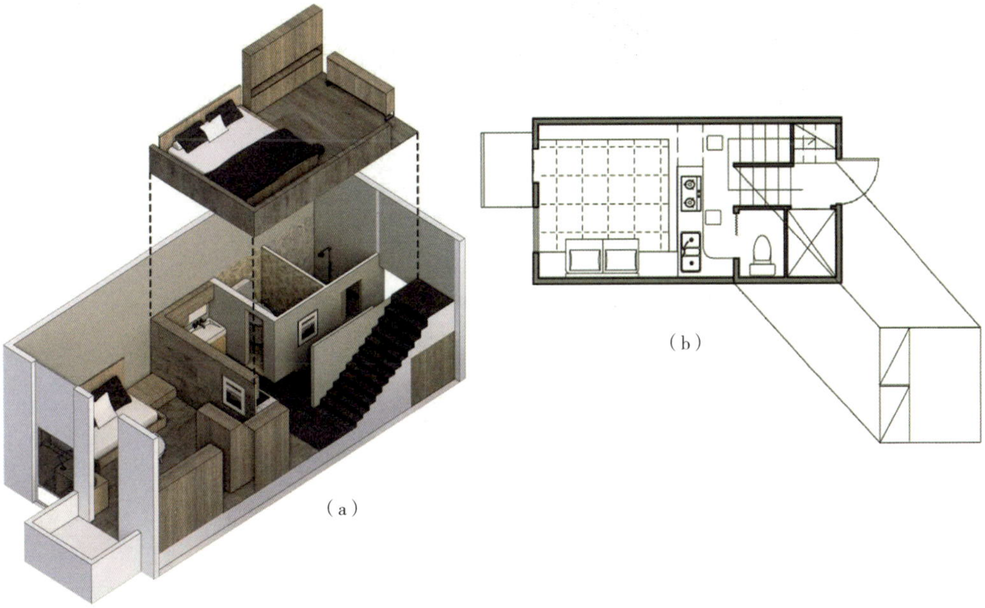

图 4.38　基本模块 B 轴剖图、平面图（组图）

（a）透视图；（b）平面图

3. 基本模块 C

该模块根据第二种单元组合图示进行深化设计，充分考虑干湿分离及管网布置，将卫浴单元和厨房单元相邻布置，其中卫浴单元采用三分离式，厨房单元采用 L 型布局。在休憩单元内，同样采用可折叠式家具，在满足用户基本的起居生活需求下，尽可能缩小居住面积。该基本模块面积为 18 m²，层高为 2.5 m，其中休憩单元面积为 7.8 m²，卫浴单元面积为 3.36 m²，厨房单元面积为 3.36 m²，适用于 1~2 人家庭结构的住户（图 4.39）。

4. 基本模块 D

该模块是在模块 C 的基础上进行一定的空间变化形成的扩展模块，将厨房单元和卫浴单元置于入口两端。该模块注重储藏空间的使用，尽可能压缩休憩空间面积。该基本模块面积为 18 m²，其中休憩单元面积为 10.2 m²（含储藏面积），卫浴单元面积为 3.36 m²，厨房单元面积为 2.73 m²，适用于 1~2 人家庭结构的住户（图 4.39）。

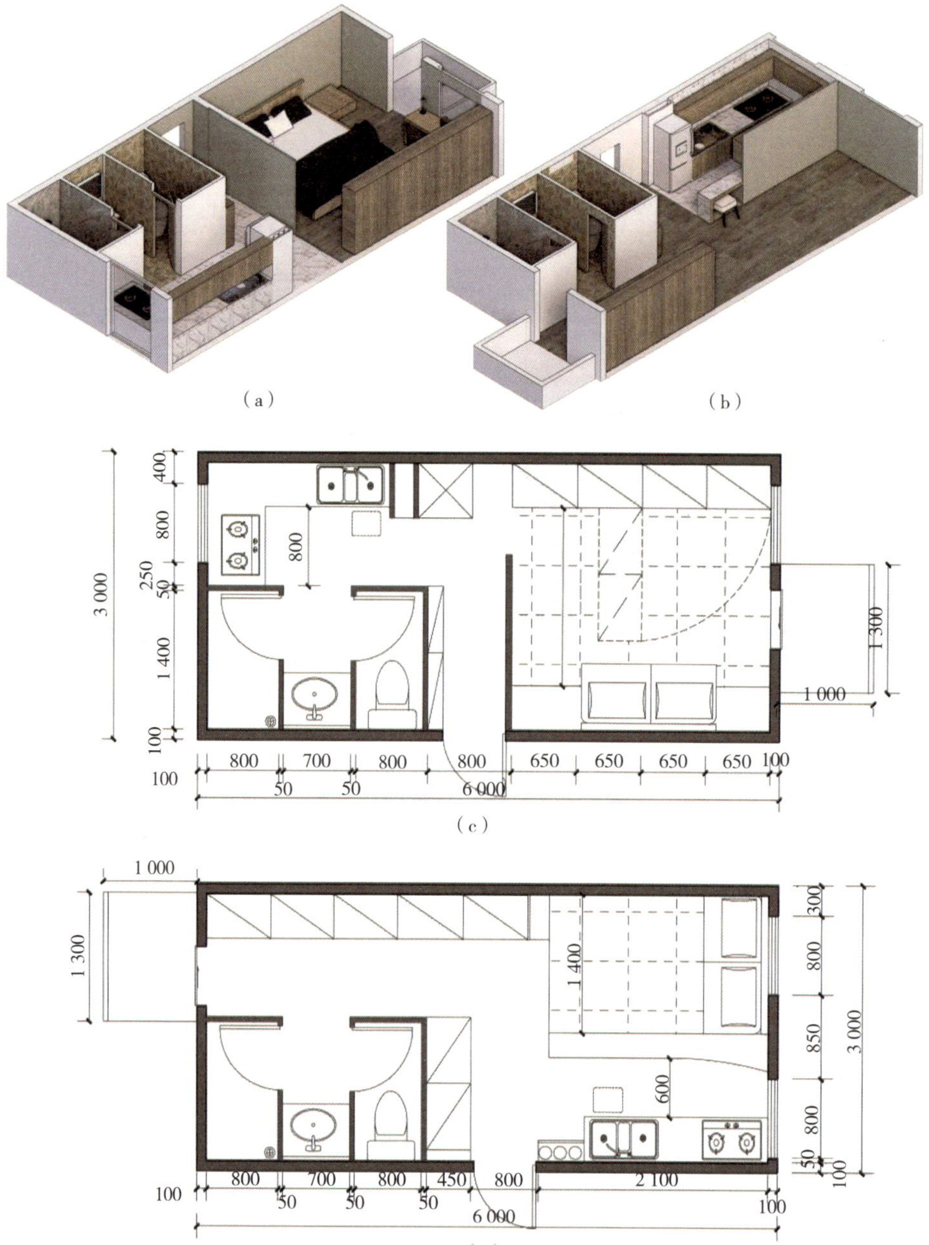

图 4.39 基本模块 C、D 轴剖面、平面图

(a) 基本模块 C 轴剖图;(b) 基本模块 D 轴剖图;(c) 基本模块 C 平面图;(d) 基本模块 D 平面图

4.5.3.2 扩展模块组合设计

此次的扩展模块采用尺寸为 2 m × 2 m(2 m × 2.5 m)的工作学习单元和娱乐单元进行组合设计。这种模块能够满足单身青年、新婚情侣等 1~2 人学习、工作、娱乐交流、健身锻炼等扩展行为需求。其最大的特点在于:通过模块内部单元的组织和交互,将一个 12 m^2 的模块扩展出了传统住宅空间 30 m^2 的空间感受，大幅度提升住户的使用感受和体验（图 4.40）。

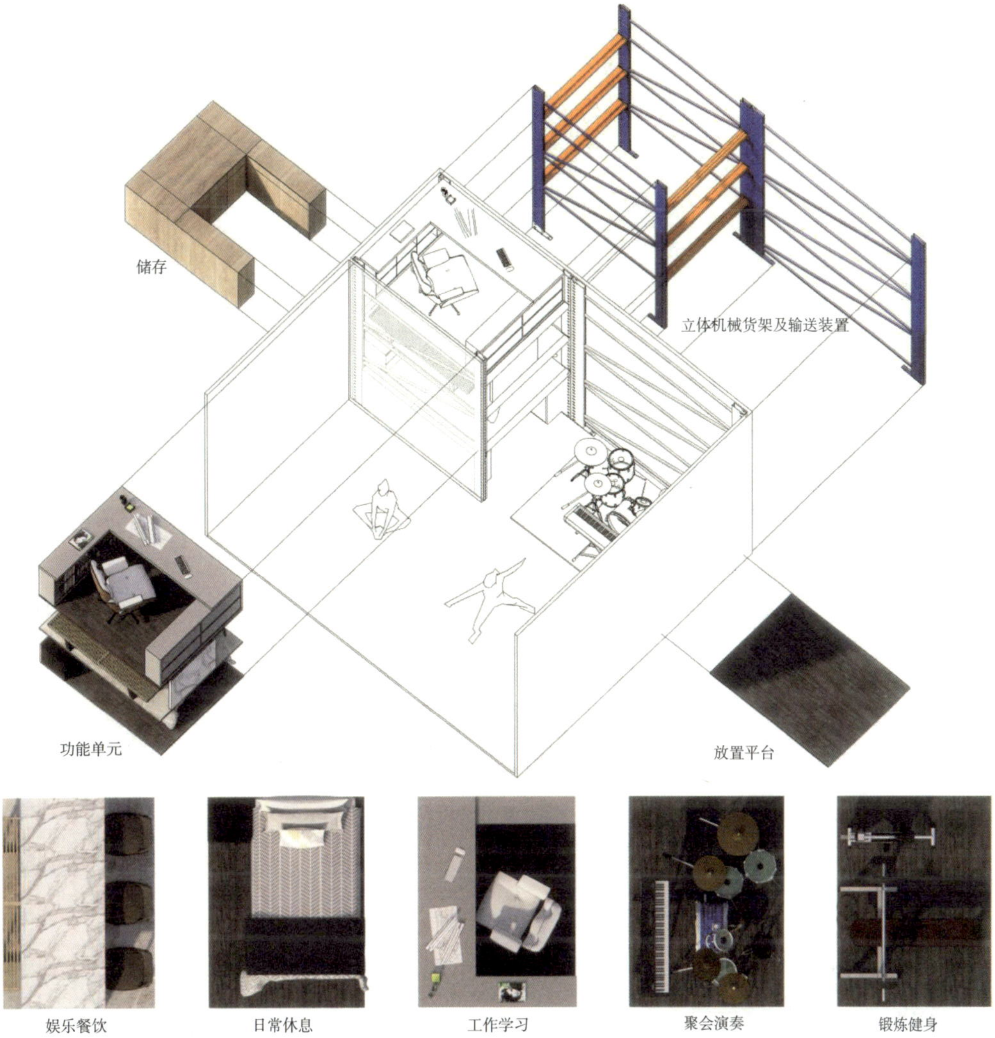

图 4.40 扩展模块示意（组图）

在日常生活中，工作学习单元和娱乐单元储存在智能立库中，在住户需要进行扩展行为场景时，可以使用智能机器人将单元从立库中移动到固定平台。例如，当住户有亲属需要留住时，通过手机等智能设备发出指令，智能机器人会将立库中的扩展模块单元移动到指定的位置，其具体流程如图 4.41 所示。

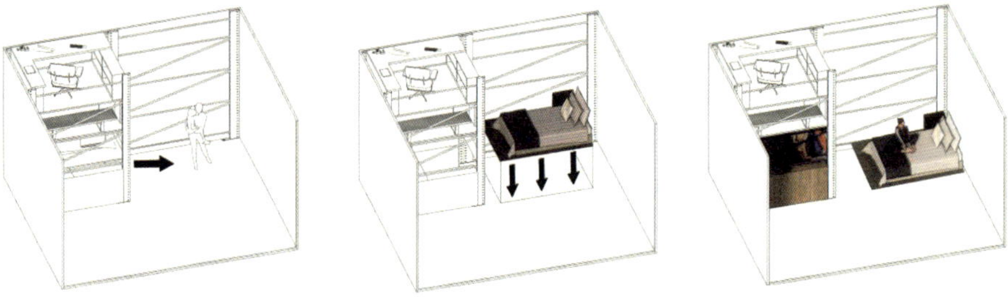

（a）　　　　（b）　　　　（c）

图 4.41　扩展模块放置流程示意

（a）选择进行休憩活动的功能单元;（b）将功能单元放置到指定位置;（c）完成休憩活动

1. 扩展模块 A

该模块主要对接基础模块 A、C、D，是满足住户基本扩展行为的最小模块，选用 2 m × 2 m 的工作学习单元和娱乐单元进行组合设计。模块内设置储藏空间、相关功能单元以及单元放置区。功能单元与储藏空间位于模块的两端。单元放置区位于功能单元和储藏空间之间，通过移动不同单元实现住户娱乐、工作、接待亲属等不同功能需求。该扩展模块面积为 12 m²，层高 2.5 m，可在立库中放置三个功能单元，其中功能单元面积为 4 m²，储藏空间面积为 3.6 m²，单元放置区面积为 4 m²，适用于 1~2 人家庭结构的住户（图 4.42）。

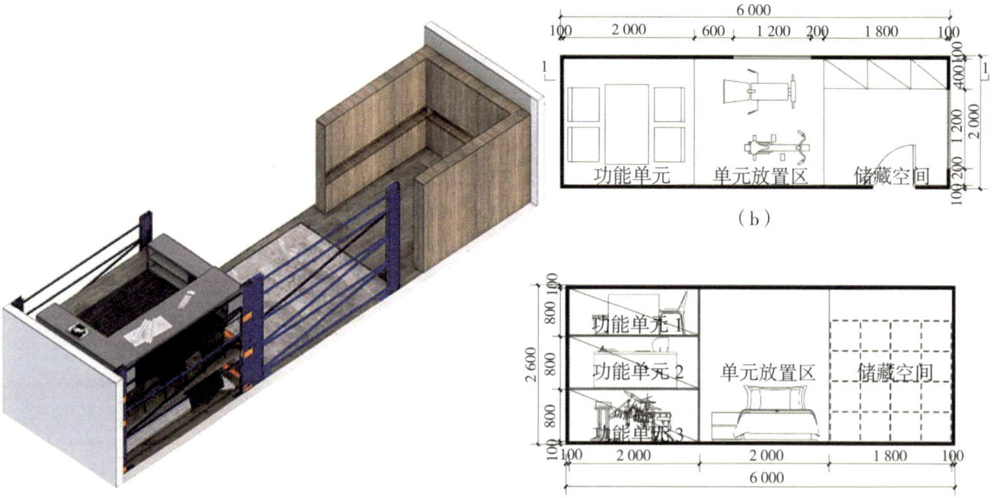

（a）　　　　（b）　　　　（c）

图 4.42　扩展模块 A 轴剖图、平面图、剖面图（组图）

（a）轴剖图;（b）扩展模块平面图;（c）1—1 剖面图

2. 扩展模块 B

该模块主要对接基础模块 B，选用 2 m × 2.5 m 的工作学习单元和娱乐单元进行组合设计，层高略有增加。储藏空间位于单元下部。通过单元移动可以在 1.2~2.0 m 范围内改变其高度，同时扩大了单元放置区的面积，使娱乐交流空间更为舒适宽敞。该模块面积为 15 m²，模块层高为 3.6 m，可在立库中放置三个功能单元，其中功能单元面积为 5 m²，储藏空间面积为 3.6 m²，单元放置区面积为 10 m²，适用于 2~3 人家庭结构的住户（图 4.43）。

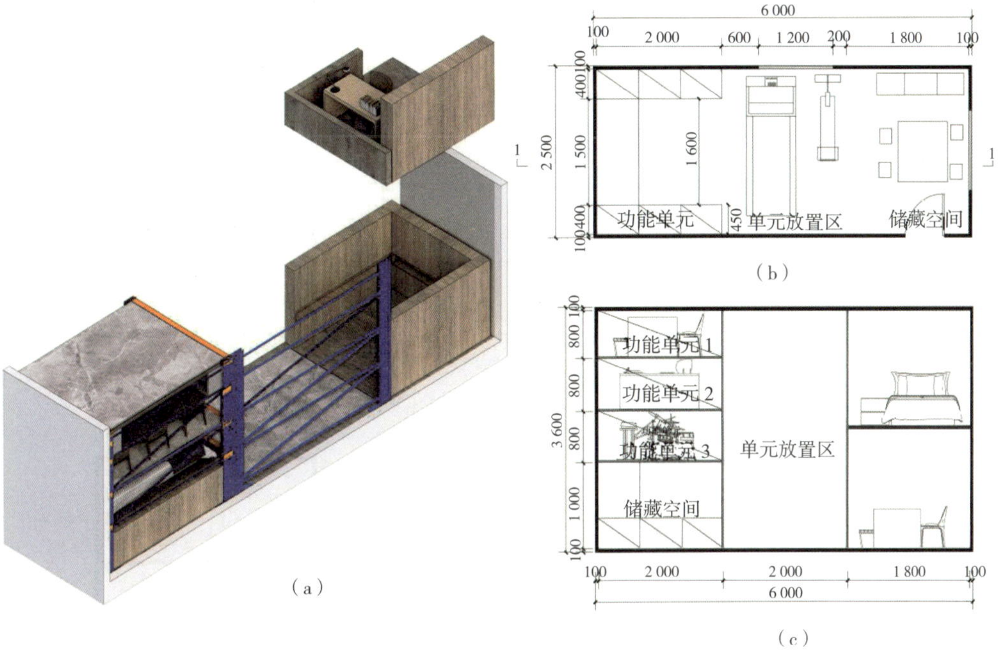

图 4.43 扩展模块 B 轴剖图、平面图、剖面图（组图）

（a）轴剖图；（b）扩展模块平面图；（c）1—1 剖面图

4.5.3.3 基本模块和扩展模块组合方式

微型居住空间组合方式可根据模块的尺寸和功能要求进行分类说明。本节所述的组合方式为一对一组合，即一个基本模块只与一个扩展（基本）模块进行组合。根据四种基本模块和两种扩展模块，可得出如下组合方式（表 4.8）。

1. 基本模块与基本模块组合

基本模块具有功能结构独立性，无须与扩展模块进行组合。基本模块可有 10 种组合方式，除基本模块 B，其他模块组合后的建筑面积为 36 m²。此类组合适合有租赁需求且需求不高的住户，每个模块适合 1~2 人居住。基本模块 B 由于层高要求，可与同类模块相组合。建筑面积为 42 m²，适合 3 人以上且家庭结构比较完整的住户居住。

2. 基本模块与扩展模块组合

基本模块与扩展模块可有四种组合方式，其中基本模块 A、B、C 可与扩展模块 A 组合，组合后的模块建筑面积为 30 m²，此类组合适合青年群体独居或情侣居住。基本模块 B 可与扩展模块 B 组合，组合后的模块建筑面积为 46.6 m²，此类模块适合 3 人以上居住。

表 4.8 模块组合方式

模块类型	基本模块 A	基本模块 B	基本模块 C	基本模块 D	扩展模块 A	扩展模块 B	平面适用条件	部分模块组合图示
扩展模块 A	√	—	√	√	—	—	1~2 人居住	
扩展模块 B	—	√	—	—	—	—	3 人以上居住	
基本模块 A	√	—	√	√	√	—	1~2 人居住	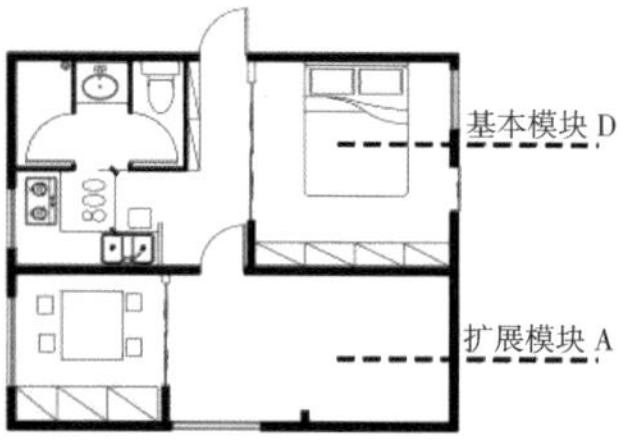
基本模块 B	—	√	—	—	—	√	3 人以上	
基本模块 C	√	—	√	√	√		3 人以上居住	
基本模块 D	√	—	√	√	√	—	1~2 人居住	

4.6 小结

在第三章内容的基础上，总结了调研问题，提出了四种优化设计原则。在尺寸优化方面，根据设计规范、工厂加工、运输及实际建造等因素对模块模数的限制，总结模块最大尺寸为 12.16 m × 2.55 m × 3.1 m，确定此次设计的模块标准尺寸为 6.00 m × 3.00 m × 2.50 m。在功能模块及单元优化设计方面，提出了弹性模块化设计思路，根据青年居住行为将模块分为基本模块和扩展模块两类，将卫浴、厨房、休憩、工作学习和娱乐单元进行精细化设计。在单元组合优化方面，采用参数化设计工具对五种单元进行组合，形成能够满足不同人群使用需求的模块平面。

第五章　微型居住空间模块化设计策略与实践

本章以第四章功能模块优化设计与组合为基础，选取天津市北辰区双青新家园中的某场地进行相关项目实践，梳理项目基本情况，总结现状问题；根据优化设计原则提出三点模块化设计策略；以青年和中年商贩人群为核心，结合场地现状问题，进行微型居住空间方案设计及功能模块相关设计内容探讨（图 5.1）；通过对基本模块和扩展模块的合理组织，提高居住舒适度以及实现生活模式多样性。在新时代背景下，基于微型居住策略，打造出满足住户多样需求的功能空间，使其能更精准地服务于居住者。

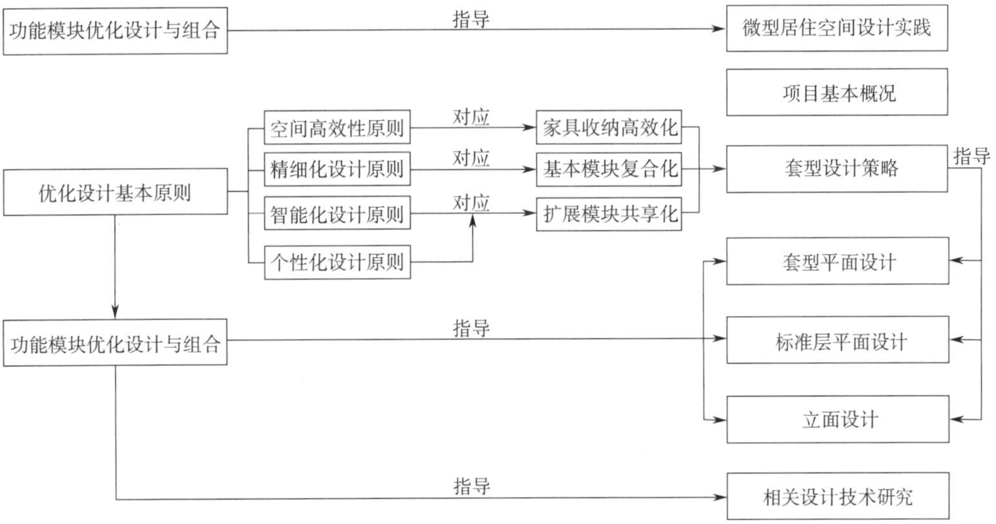

图 5.1　本章逻辑框架

5.1　项目基本概况

基于调研分析，综合考虑相关人群、周边环境、场地面积等因素，项目选址双青新家园荣悦园与盛福园附近、铁西路与新雅道交叉口的一块长方形用地。该地块长约

150 m，宽约 40 m，面积约为 6 000 m²（图 5.2）。周边无住宅或商业设施，场地内常有移动商贩进行贸易。

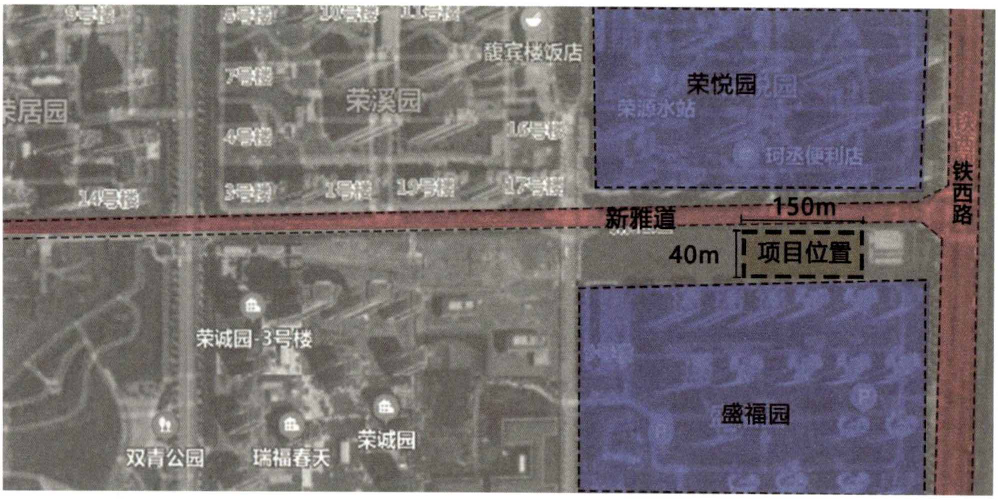

图 5.2　场地面积尺寸

5.1.1　区位现状

该项目用地的 300 m 半径范围内多为居住区和公园，如荣溪园、荣馨园、盛福园等，生活气息浓重，环境安静祥和，适合居住。在商业、教育服务设施方面，项目用地的 600 m 半径范围内有双青菜市场、双青第四幼儿园、双青公园等，配套设施较为全面，生活便利，能够满足住户的日常生活需求。在周边交通设施方面，项目用地周边有贯穿城市南北的天津地铁一号线和十二号线（建设中），并有 6 处城市公交站，28 条公交线路，方便住户的交通出行。不足之处是该地区缺乏大型医疗机构，周边医疗机构多为小型社区卫生站、社区服务中心等（图 5.3）。

5.1.2　存在的问题

设计对象主要为两类人群：一类主要为青年人群，他们居住方式多为 1~2 人租赁式居住；另一类为项目周边的中年商贩群体，居住形式多以夫妻二人为主。本次设计主要解决以下两个问题。

1. *住宅内部缺乏活力，交流活动场所较少*

调研中发现，住宅内没有设置交流空间，内部居住人数较多，但住户之间缺少交往联系。新时代下，青年人群对交流娱乐有了更高的要求，互动场所不仅仅局限于公共空间，居住空间作为住户日常生活最重要的活动场所，在促进住区活力、加强空间归属感等方面起到了十分重要的作用。住宅内可通过扩展模块共享策略，从小群体和住区共享两方面设置交流场所，增加住户间的交流机会。

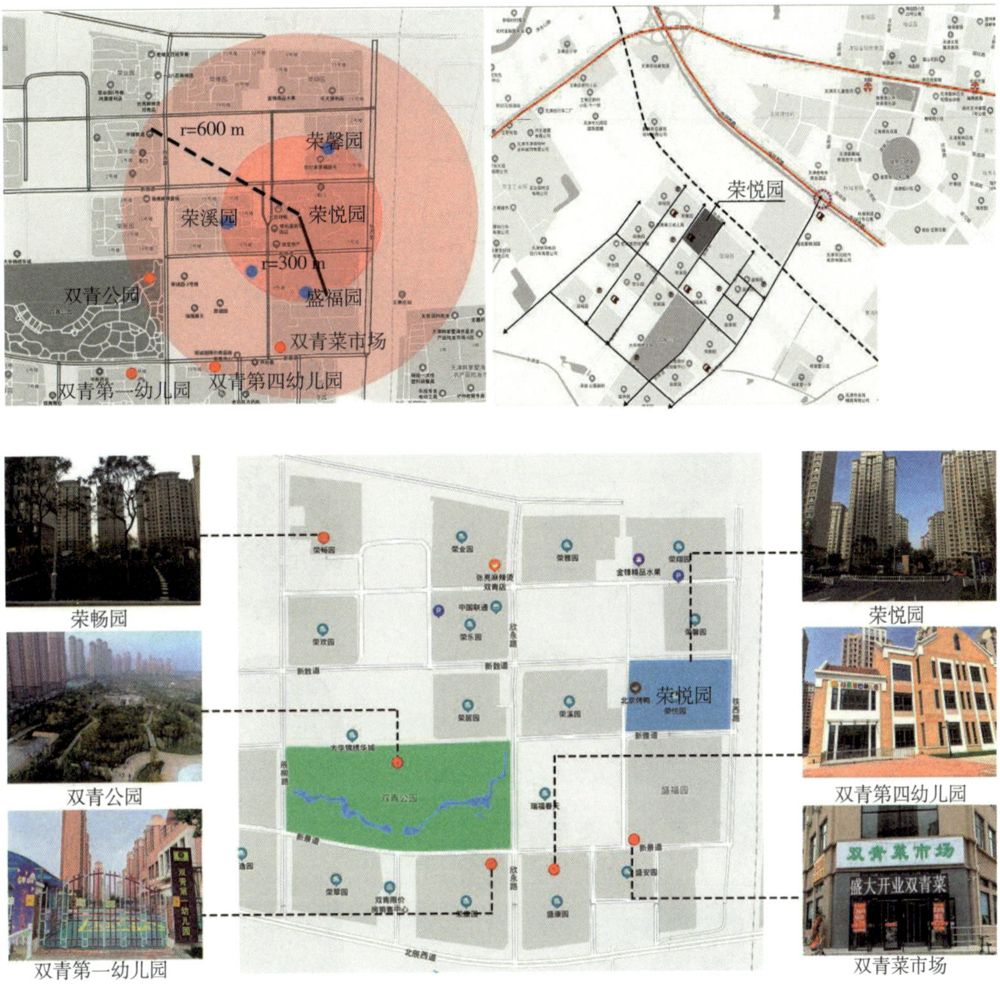

图 5.3　周边服务半径和交通分析（组图）

2. 空间功能配置不足，难以满足住户多样化的居住需求

调研中发现，居住空间不仅承担着人们睡眠、饮食和休闲等基本生活需求，还要承担居民对健身、工作、观影和演奏等多元化行为的更高要求。通过组合基本模块和扩展模块将居住空间功能重新划分，可以达到适度减小套内面积且保证住户多种居住需求的目的。此次实践将两种模块结合，采用基本模块复合策略，打造多种多样的居住模式。

5.2　功能模块优化策略与组合方法

5.2.1　扩展模块共享化策略

空间共享化主要将扩展模块与套型分离，将其放置于住宅楼内的公共区域。空间共享化打破了微型居住空间由基本模块和扩展模块一对一组合的居住理念，通过放大扩展模块的功能数量和尺寸面积，节省出仅供单人使用的扩展模块，在不同时间段为更多人提供服务，进一步提高模块使用效率和使用品质。

5.2.1.1 小群体共享

当空间内住户较少时，常以小群体共享为主。群体共享以扩展模块作为一种交流媒介，通过多个基本模块与单个扩展模块进行组合，促进相同兴趣爱好的住户进行交流。相比于“自给自足”的居住模式，以“共享交流”为核心的居住模式更容易被青年大众所接受，其使用也更为高效（图 5.4）。

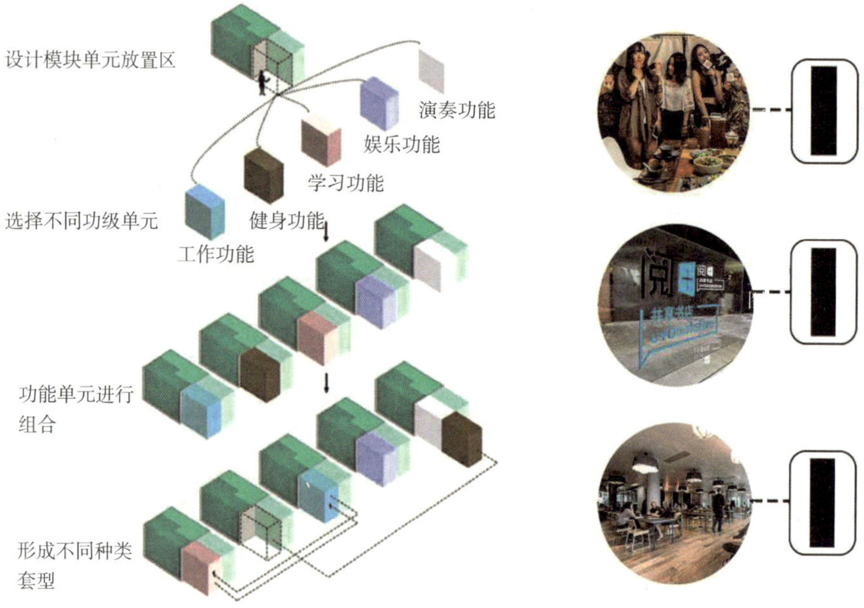

（a） （b）

图 5.4 扩展模块在小群体共享中的应用（组图）

（a）扩展模块共享步骤；（b）扩展模块功能

当扩展模块以小群体共享为设计核心时，应注重考虑功能品质而不是数量，应针对健身、阅读、娱乐等单一功能进行精细化设计，打造可以带来良好交流体验的环境。另外，空间布置应充分考虑设施的可达性和易识别性，减少不必要的面积。以娱乐、健身为主导的扩展模块应将设施沿平面边缘布置，平面中央预留出足够的自由活动区域，以方便住户使用；以学习、阅读为主要功能的扩展模块，应考虑隔声措施，减少个体噪声对其他住户的影响，有条件的情况下应使用不同照度的灯具，提高使用的舒适度。

5.2.1.2 住区共享

住区共享可将扩展模块脱离微型居住空间，将其置于住区或娱乐综合体内，为其他居住者提供共享服务，使微型居住空间既能通过共享机制促进不同行为模式的发生，促进人与人之间的交流合作，又可以将各个行为空间联系起来，增强住区归属感。

住区共享模式不仅可以保证个人活动的私密性，增加环境与空间的可交互性；还可以营造有利于青年群体交流、娱乐的居住氛围，让居住者更积极主动地参与到公共生活中来。这种策略在国内住宅，尤其是在“泊寓”“自如”等青年公寓中应用比较广泛，但其共享设计多采用封闭式围合空间，私密性、实用性较差。也有一部分住宅采用半封闭式、流动性强的空间布局，如福州万创公社泊寓共享空间（图 5.5），采用连续的曲线金属板，既保证了空间的私密性，又使得空间的内外界限更加模糊。曲线金属板上的圆形孔洞，保证了管理区能获得良好的视线，同时也给用户带来了丰富的空间感受和视觉体验。

图 5.5　福州万创公社泊寓共享空间（组图）

（图片来源：谷德设计网）

住区共享是小团体共享的进阶版。共享空间应由多个扩展模块组合完成。模块组合一方面应考虑空间公共性与空间私密性的界限，可适当采用流动性曲面，设计不规则窗洞以丰富空间层次；另一方面，应考虑模块之间的可移动性，通过设置轨道实现模块的移动组合，形成可随需求变化、可灵活使用的交流空间。在模块空间设计方面，应考虑空间的易识别性和多样性，采用功能类型多样的设施，在局部空间设置软质地面，增加空间的舒适性。在模块功能选择方面，共享社区内可提供共享办公、共享住宿和共享厨房等，有效提高住户生活品质（图 5.6）。

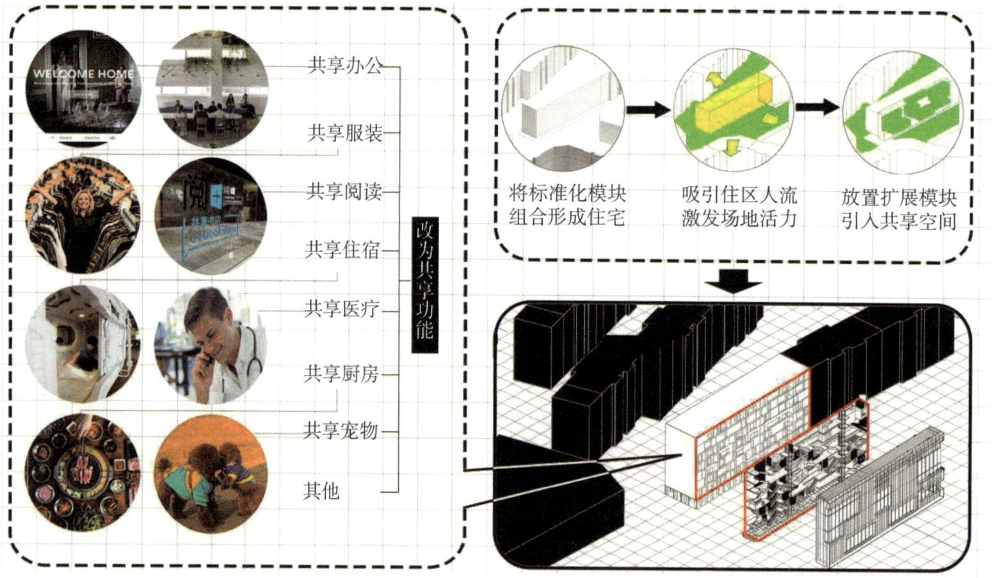

（a）　　　　　　　　　　　　（b）

图 5.6　扩展模块在住区共享中的应用

（a）扩展模块功能介绍；（b）扩展模块共享步骤

5.2.2　基本模块复合化策略

复合化策略是一种实现微型居住空间高效集约利用的手段，主要从维度方面和适应性方面对空间进行拆解和叠加，通过缩短交通流线、增加移动隔墙、设置跃层等方式丰富空间层次。

模块本身就具有复合属性，一个模块往往包含多个功能单元，尤其是扩展模块更是以复合化为核心进行设计。本节主要针对基本模块和扩展模块所组成的套型进行说明，通过复合化策略为以后的项目实践提供帮助。基本模块复合化策略主要包括以下三个方面。

5.2.2.1　一维功能流线复合

在我国的住宅设计中，主要有三种流线布局方式。第一类流线是树状流线。此类流线通过走廊这一“主干”与卫生间、客厅和厨房等“枝叶部分”进行连接。这种设计较为方便，且隐私性较好，但也会有空间单一和浪费的问题。目前这种布局方式已经很少使用了。第二类流线是网状流线。这种流线是在树状流线的基础上，将客厅、餐厅、厨房三部分或卧室、卫生间两部分设计成局部回路，这种方式解决了流线浪费问题，空间品质也有所提升，这也是大部分设计师所推崇的流线布局策略。但这种流线较为固定的设计方式缺乏对住户生活行为的充分考虑（图 5.7）。基于此，日本设计师设计了第三类流线布局方式。

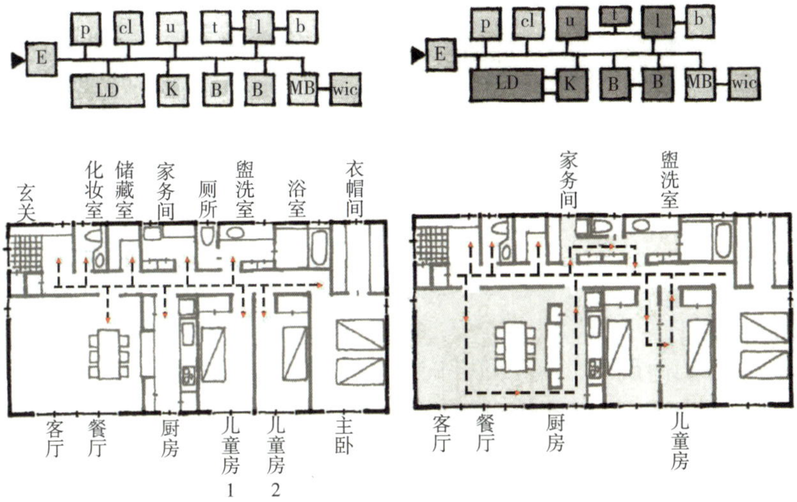

（a）　（b）

图 5.7　树状流线和网状流线布局

（a）树状流线；（b）网状流线

第三类流线以网状流线为基础，着重考虑住户一天内的行为流线，以“起床—洗漱—饮食—工作娱乐—休憩”整体回路或者以“休憩—工作—娱乐—休憩”为局部回路进行布局，增强住户间的交流，实现空间上的高效复合，这种布局方式也被称为“空间回路”。值得注意的是，住宅设计中不宜采用长距离的整体“空间回路”布局。整体回路会影响家具的摆放及家庭生活的私密性，生活品质也会大大下降。一个好的流线需要共同设计整体与局部回路，利用歇息角落的“小圈环绕”动线来做收纳储存，实现空间便捷性和高效性的统一。

目前这种布局方式在住宅中应用还比较少。微型居住空间的设计，可以借此减少不必要的走道。图 5.8 为设计方案。通过设计青年生活行为回路，简化住宅流线，开放卧室空间，实现整个住宅空间的高效复合。

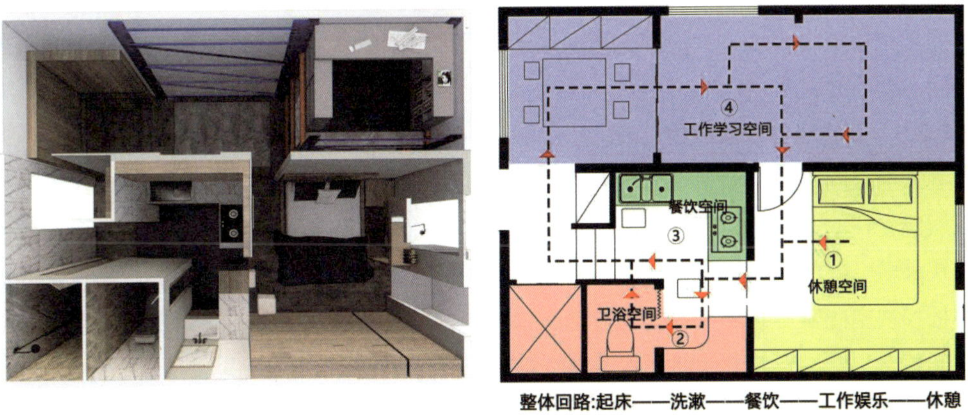

图 5.8　青年生活回路（组图）

5.2.2.2 二维平面可移动隔墙复合

设置可移动隔墙是基于“开放住宅”理论的一种设计手法。设置可移动隔墙，一方面可以灵活划分功能区域，改变空间的私密程度，使各个功能空间相互融合和借用，大幅度提高居民生活品质；另一方面可以改变空间物理环境，节约能耗。移动隔墙需要设计师合理把握空间的分隔与联系，除了利用隔墙分离空间，还可借助家具、隔板分割空间。

这种设计方法在很多实践案例中得到应用，相关技术比较成熟。如日本 CASE-REAL 公司在福冈设计的移动墙系统（图 5.9），设计师通过可移动隔墙打造了一个可使隔墙沿“L”形轨道移动的滑行系统。这些隔墙分隔室内空间，从而形成多种住户所需的空间场景，同时保留了公寓内原本的门窗开启方式。滑行系统采用最简便的设计方式，设备和固定装置简约、便捷。

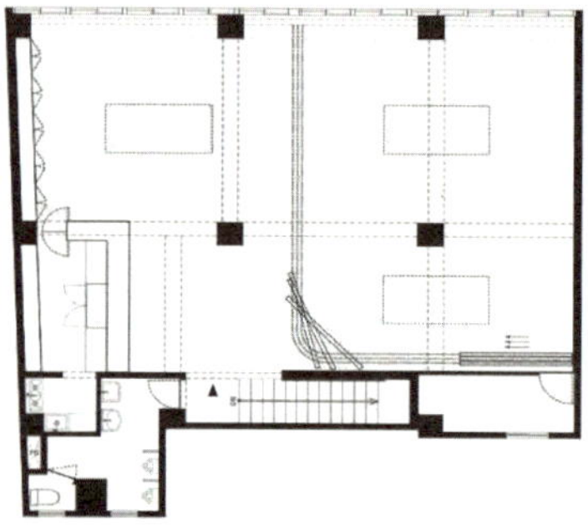

图 5.9 CASE-REAL 公司在福冈设计的移动墙系统（组图）

（图片来源：谷德设计网）

一般来讲，空间分隔方式有局部分隔、绝对分隔、弹性分隔三种类型。组合空间有单一空间的分隔和多个空间的相互转移、借用两种。通过这几种方式可以实现空间的灵活可变。移动隔墙与收纳柜组合，不但可以增加隔声效果，还能扩大收纳空间，提高空间利用率。方案通过可移动隔墙有效分隔基本模块和扩展模块。移动隔墙根据住户不同的需求可完成“私密—半私密—开放”三个状态之间的转变，实现整个住宅空间的高效使用（图 5.10）。

5.2.2.3 三维竖向跃层空间复合

三维竖向跃层空间复合主要在层高不变的基础上进行空间竖向功能的扩展和延伸。在层高允许的条件下，其设计策略主要包括三种。第一种是可通过抬高地面的方式实现模块储藏空间的复合。这种方法在基本模块中有所展现。第二种是可用固定隔板或活动楼板模块空间竖向分隔。跃层式住宅就是采用这种方法。第三种是可以在模块顶部实现空间复合，增加一部分储藏面积（图 5.11）。利用三维空间进行实践的案例较多，如鲍家声在开放住宅的设计实践中，利用“支撑体”住宅理论对 36 m^2 的一室套型进行改造，以人体居住行为尺度改变设计功能空间层高。在 4.8 m × 7.2 m 的平面中，将厨房、卫生间、卧室和走廊空间高度适当降低，同时提高起居室高度，将整体层高控制在 3.3 m。

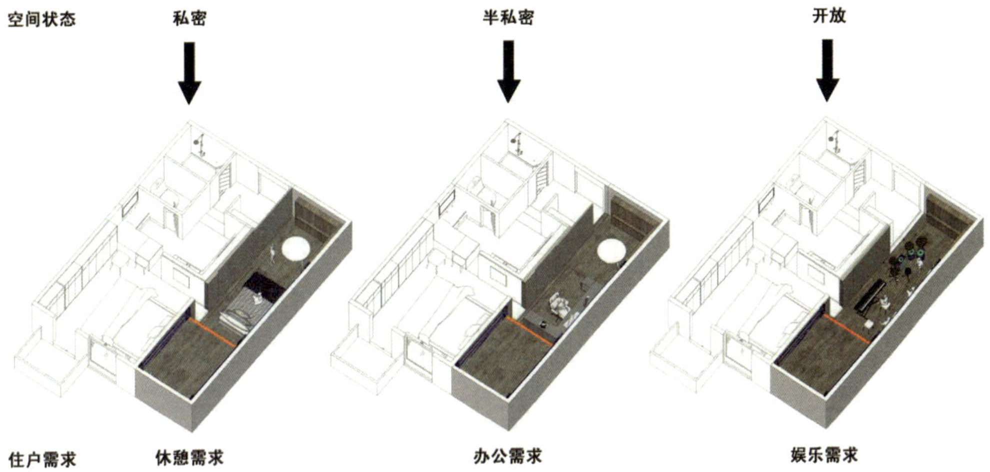

图 5.10　可移动隔墙在方案中的应用

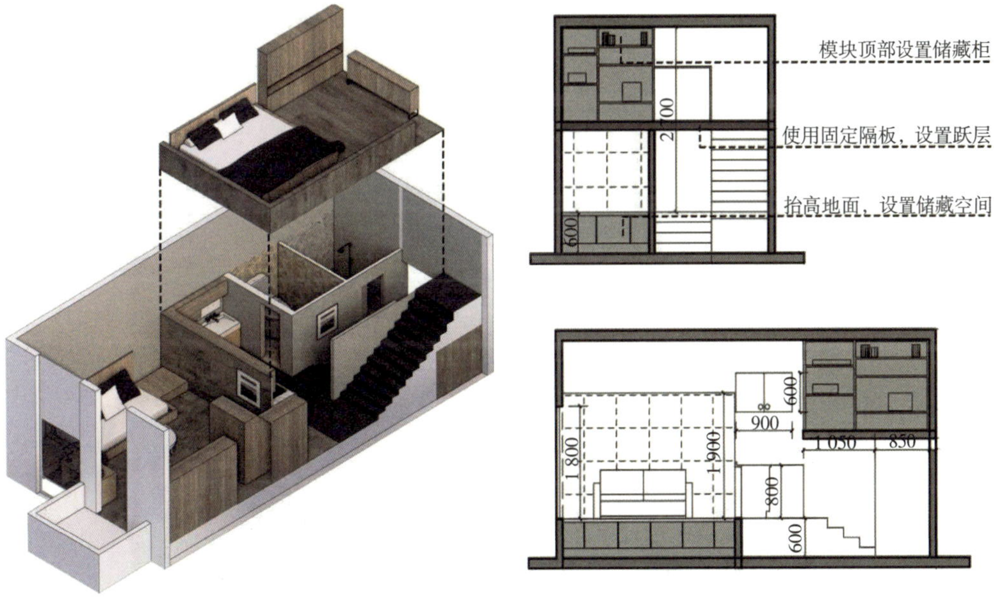

图 5.11　跃层在方案中的应用（组图）

三维空间复合可结合错层与跃层设计，将基本模块和扩展模块分为两层，用室内楼梯联系上下层空间，在楼梯上设置收纳空间，增加储存空间；同时节省了一部分交通面积，使空间效果更为丰富。图 5.11 所示方案通过错层将基本模块和扩展模块有效合并，在跃层处设置储藏和休憩空间，实现整个住宅空间的高效复合。

5.2.3 家具收纳高效化策略

在微型居住空间中，合理使用家具不仅能够避免面积的浪费，还可以使空间层次更加丰富、美观。本部分主要探讨几种家具包含模块化家具、折叠式家具、移动式家具设计的理念及特点，为基本模块和扩展模块内部家具设计提供参考。

5.2.3.1 折叠式家具

折叠式家具是一种通过折叠的方法，将面积或体积较大的物品尽量压缩的家具类型。折叠式家具不仅可以有效利用空间，还可以根据其特性进行标准化生产。此类家具可应用在扩展模块储藏单元中，实现空间最大化利用。目前采用折叠式设计的家具主要有桌椅、储物柜、床等，相关产品图片如图 5.12 所示；相关产品尺寸见表 5.1。

（a）

（b）

图 5.12 折叠式与模块化家具（组图）

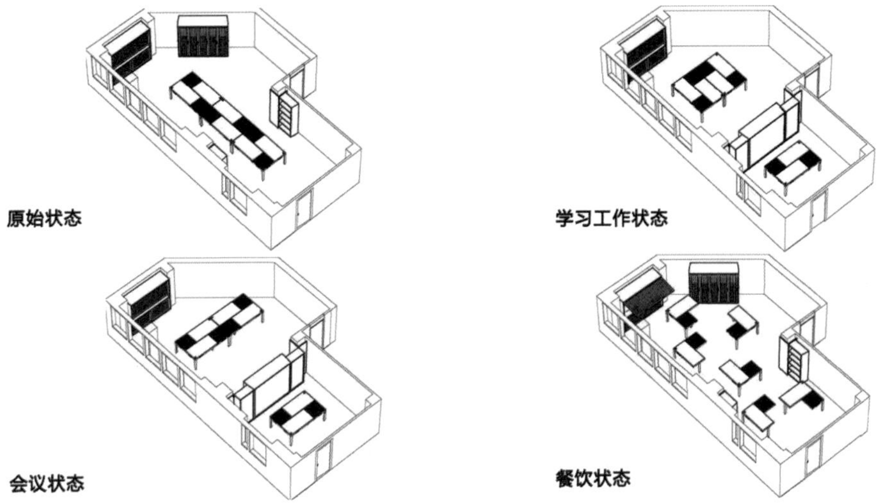

（c）

图 5.12　折叠式与模块化家具（组图）（续）

（a）折叠式家具；（b）模块式家具；（c）家具的组合与拆分

（图片来源：谷德设计网）

表 5.1　家具汇总

详细信息				
类型		相关品牌	具体尺寸/mm	备注
折叠式家具	壁装折叠椅	NORBERG 诺伯格	740 × 600 × 740	该折叠椅可坐两人，椅子一侧需要安装于墙面，高度与普通桌相当，约 740 mm
	折叠沙发床	GRONLID 格罗恩里德	1 400 × 2 000 × 800	通过拆掉不同的组件，可实现床与沙发的转换
	折叠沙发床	HAMMARN 哈马恩	1 280 × 2 000 × 830	通过拆掉不同的组件，可实现床与沙发的转换
	折叠桌收纳	IVAR 伊娃	1 750 × 300 × 700	此家具可作 2~3 人餐桌，附带收纳功能
	折叠式餐桌	GAMLEBY 加姆勒比	2 010 × 780 × 740	可供 2~6 人使用，根据不同需求调整桌子尺寸
模块化家具	带支脚橱柜组合	EKET 伊克特	350 × 350 × 350	橱柜模块，可根据用户喜好进行设置，楔形暗榫与预先钻好的榫眼完全吻合，组合快捷
	带储物模块座椅	VALLENTUNA 瓦伦图	800 × 800 × 450	沙发模块，底部可作储藏用，用户根据自身喜好进行组合
	模块抽屉柜	NORDLI 诺德里	400 × 470 × 450	抽屉柜最高堆叠高度建议不超过 145 cm，模块内附安全安装件，可固定在墙上
	开放式搁架单元	PLATSA 普拉萨	1 600 × 400 × 630	给矮框架加上顶板，可变成实用长凳

续表

详细信息				
类型		相关品牌	具体尺寸/mm	备注
移动式家具	移动式套桌	GRANBODA 格兰波达	480 × 330 × 460	根据需要，可移动套桌，形成三个独立边桌
	移动式搁架单元	RAVAROR 洛瓦露	340 × 340 × 690	可将该单元放置于家中任何角落。这款单元还可作额外的工作台面用

5.2.3.2 模块化家具

模块化家具是采用固定尺寸模块，根据用户喜好和住宅面积进行组合的一种家具类型。模块化家具具有较强的灵活性，因此基本模块的椅子和储藏柜都采用此类家具，从而实现空间的高效复合。目前采用模块化设计的家具主要有橱柜、沙发、床等，相关产品如图 5.12 所示。相关产品尺寸见表 5.1。

5.2.3.3 移动式家具

移动式家具是通过家具部分构件进行移动，实现不同功能变化的一种家具类型。移动式家具能够充分利用住宅内部的冗余空间，从而提高空间的利用率。基本模块中的床和沙发均采用此类家具，实现空间最大化利用。目前采用移动式设计的家具主要有橱柜、沙发、床等。相关产品如图 5.13 所示。相关产品尺寸见表 5.1。

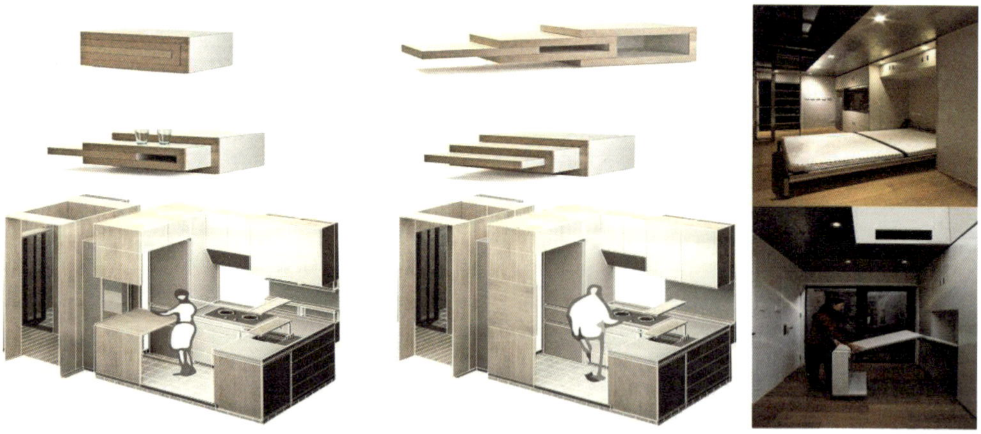

图 5.13 移动式家具（组图）

（图片来源：谷德设计网）

5.2.4　功能模块组合方法

此次设计的套型面积在 30~45 m^2 之间，由基本模块和扩展模块组合而成。套型组合与前文模块组合方法一致，即在 Grasshopper 软件中设置面积、位置等参数，通过电池组进行迭代分析。设计者在 Rhinoceros 软件中挑选合理的可视化组合平面进行再设计。组合平面如图 5.14 所示。其中包含的基本模块和扩展模块都是第四章所设计的类型，包括基本模块 A~D 和扩展模块 A、B。根据组合步骤和策略，设计完成的组合平面有以下三种类型。

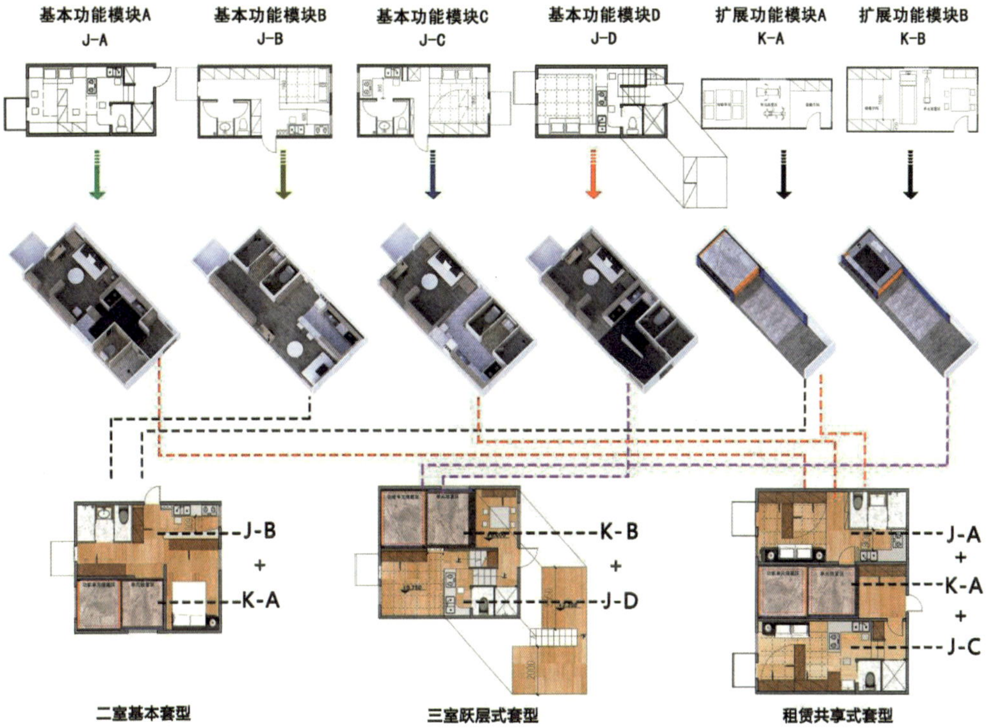

图 5.14　套型平面组合示意图

第一类组合平面是两室基本套型，将基本模块 A、B、C 与扩展模块 A 进行组合，此类套型中一个基本模块对应一个扩展模块，可供 1~2 人生活起居。第二类组合平面是三室跃层式套型，将基本模块 D 与扩展模块 B 进行组合。模块的面积和高度较第一类有所增加，可供 3 人生活起居。第三类组合平面是租赁共享式套型，将多个基本模块与一个扩展模块进行组合。这类套型可采用租赁的方式将扩展模块设为公共区域，大幅度提高空间的使用效率，最多可供 4 人生活起居。

5.3 整体方案展示

5.3.1 套型平面设计

5.3.1.1 两室基本套型

1. 套型 A

该套型平面由基本模块 B 与扩展模块 A 组合而成（图 5.15），套型内设置独立的休憩空间，设计采用三分离式卫生间和开放式厨房，在入口玄关处增加储藏空间。

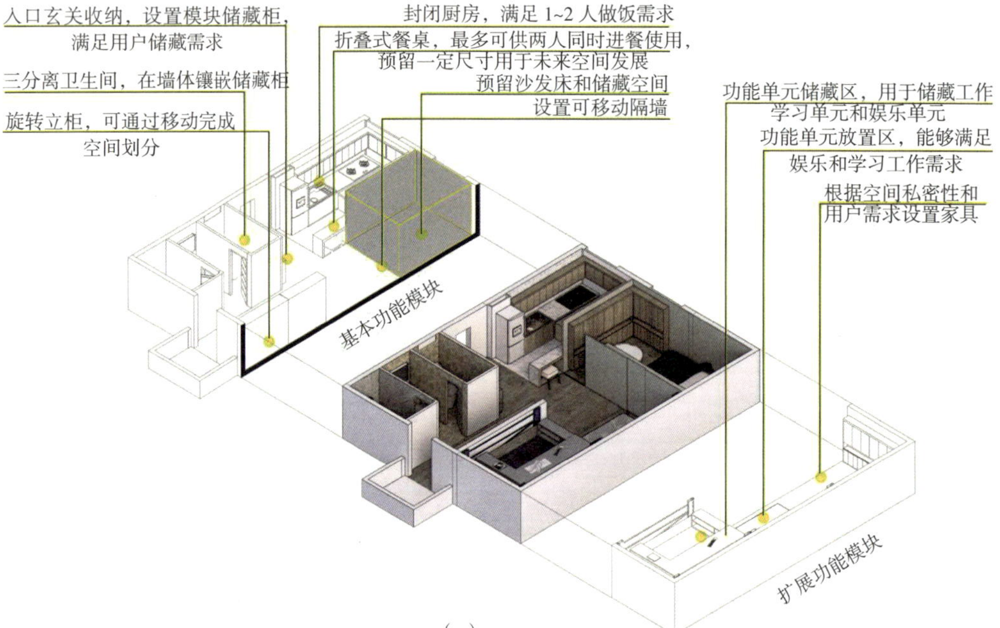

（a）

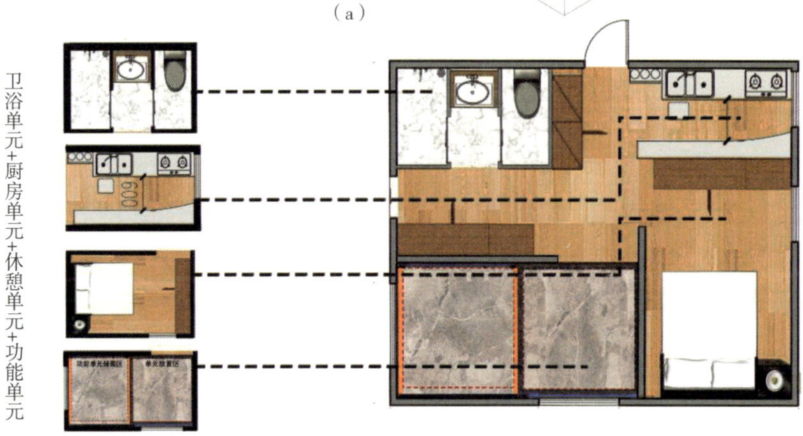

（b）

图 5.15　两室套型 A 平面图示

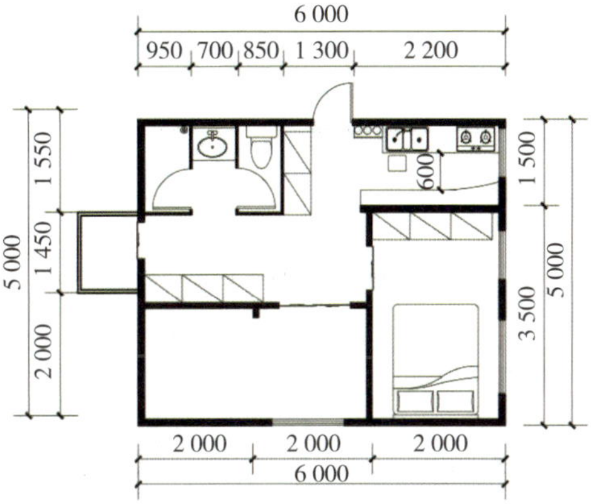

（c）

图 5.15　两室套型 A 平面图示（续）

（a）模块组成；（b）功能构成；（c）套型平面

该套型基本模块面积共 18.0 m^2，设置卫浴、厨房、餐桌、休憩单元；扩展模块面积共 12.0 m^2，设置娱乐单元、储藏单元，该套型可供 1~2 人居住。

2. 套型 B

该套型平面由基本模块 A 与扩展模块 A 组合而成（图 5.16）。套型内设置独立的休憩空间。设计采用二分离式卫生间，开放式厨房抬高了 0.45 m，在入口玄关处增加了部分储藏空间。

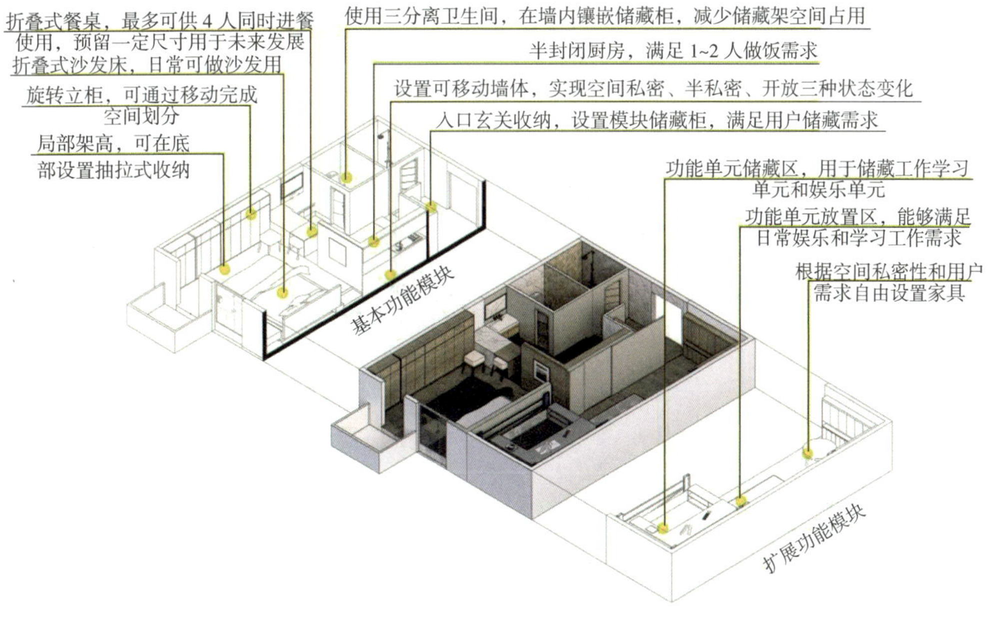

（a）

图 5.16　两室套型 B 平面图示

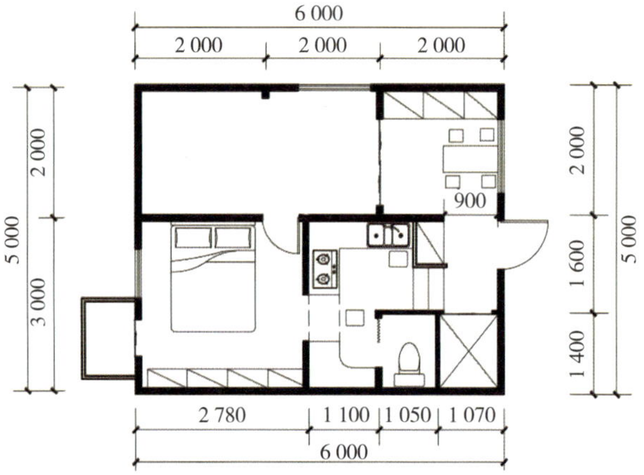

（b）

图 5.16 两室套型 B 平面图示（续）

（a）模块组成；（b）套型平面

该套型基本模块面积共 18.0 m²，设置卫浴、厨房、餐桌、休憩单元；扩展模块面积共 12.0 m²，设置娱乐单元、储藏单元，该套型可供 1~2 人居住。

3. 套型 C

该套型平面由基本模块 C 与扩展模块 A 组合而成（图 5.17），套型将休憩空间置于扩展模块内，采用三分离式卫生间和开放式厨房，在入口玄关处增加了部分储藏空间。

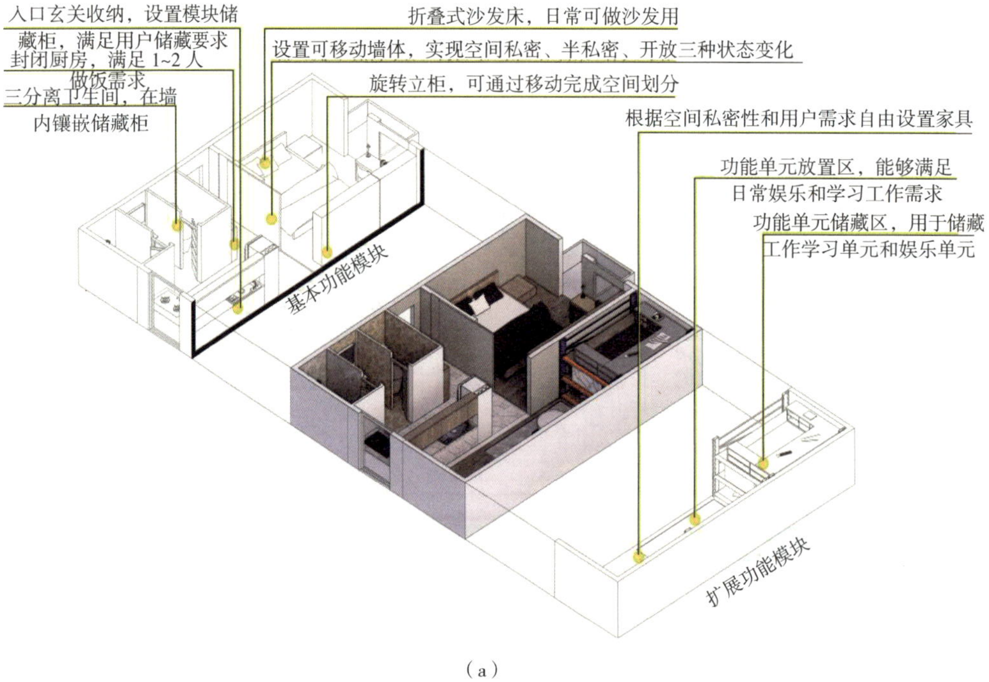

（a）

图 5.17 两室套型 C 平面图示

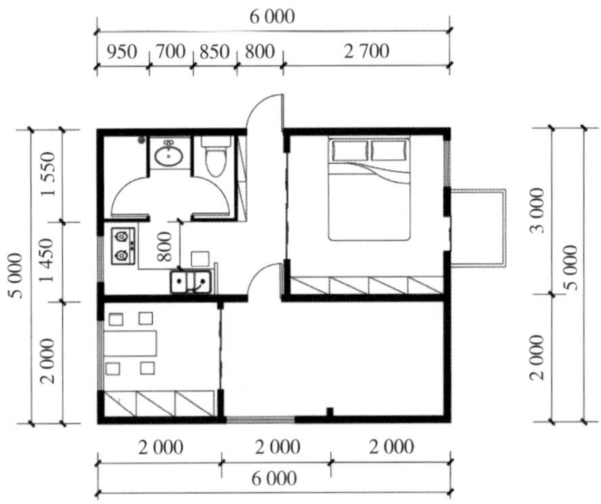

（b）

图 5.17　两室套型 C 平面图示（续）

（a）模块组成；（b）套型平面

该套型内基本模块面积共 18.0 m²，设置卫生间、开放厨房、餐桌；扩展模块面积共 12.0 m²，设置休憩单元、储藏单元，该套型可供 1~2 人居住。

5.3.1.2　三室跃层式套型

此套型在基本套型的基础上，采用了跃层式设计方法。此类套型共两种平面，其方案如下。

1. 套型 A

该套型平面由基本模块 D 与扩展模块 B 组合而成（图 5.18）。套型将楼梯放在平面左下位置，一层基本模块设置二分离式卫浴单元和厨房单元，扩展模块设置储藏和娱乐、工作学习单元，并在入口玄关处增加了部分储藏空间；二层设置休憩和储藏单元。

该套型面积共 46.61 m²，一层面积为 33.0 m²，二层面积为 13.61 m²；开间为 6.0 m，进深为 5.5 m，一层层高为 2.2 m，二层层高为 2.0 m。基本模块面积共 27.36 m²，扩展模块面积共 19.75 m²，该套型可供 1~3 人居住。

2. 套型 B

该套型平面由基本模块 D 与扩展模块 B 组合而成（图 5.19），套型将楼梯放于平面中央，一层基本模块设置二分离式卫浴单元和厨房单元，扩展模块设置储藏和娱乐、工作学习单元；二层设置休憩和储藏单元。

该套型面积共 46.66 m²，一层面积为 33.0 m²，二层面积为 13.66 m²，开间为 6.0 m，进深为 5.5 m，层高为 4.2 m；其中基本模块面积共 26.82 m²，扩展模块面积共 19.84 m²，该套型可供 1~3 人居住。

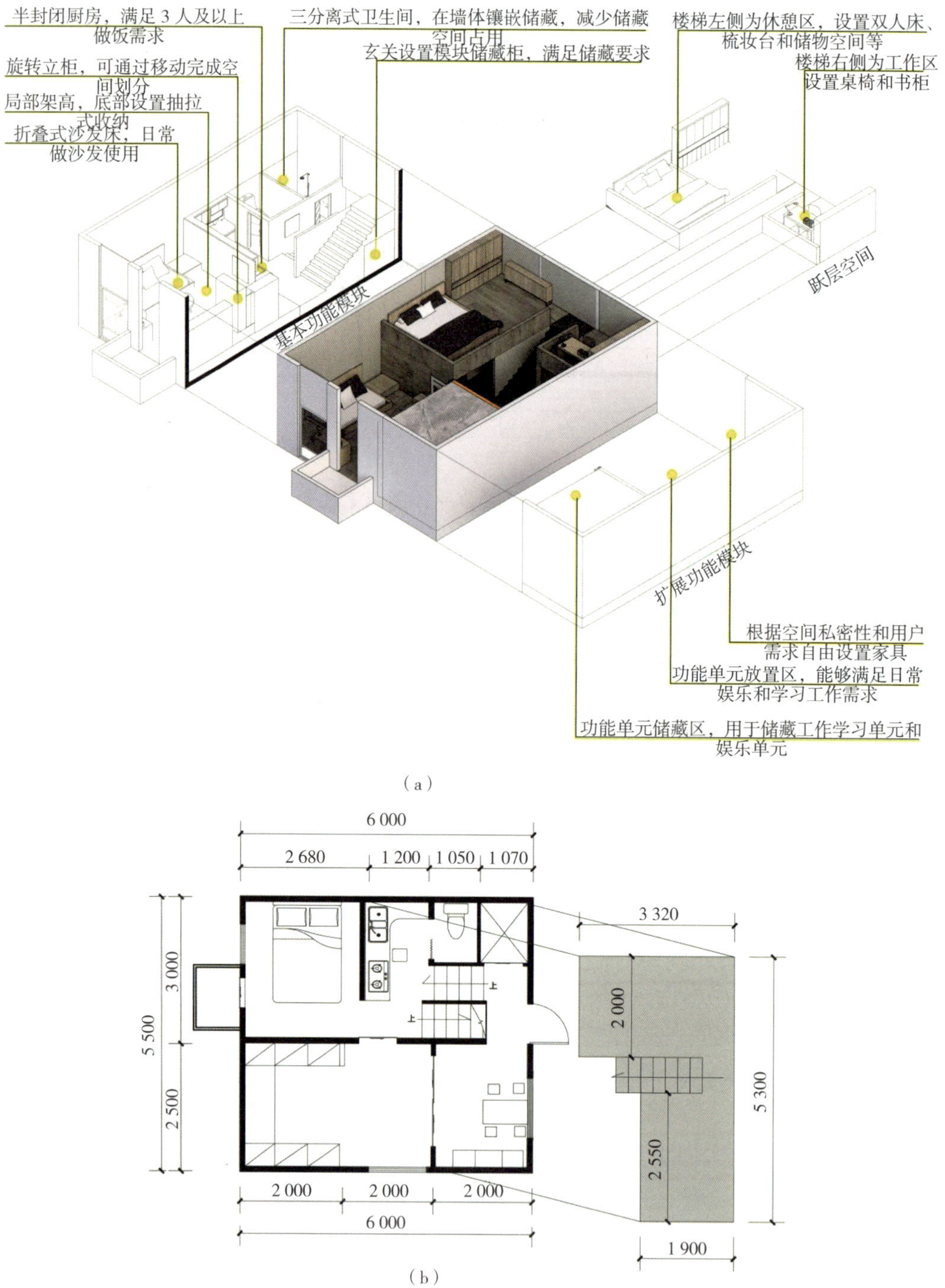

图 5.18　三室跃层式 A 平面图示

（a）模块组成；（b）套型平面

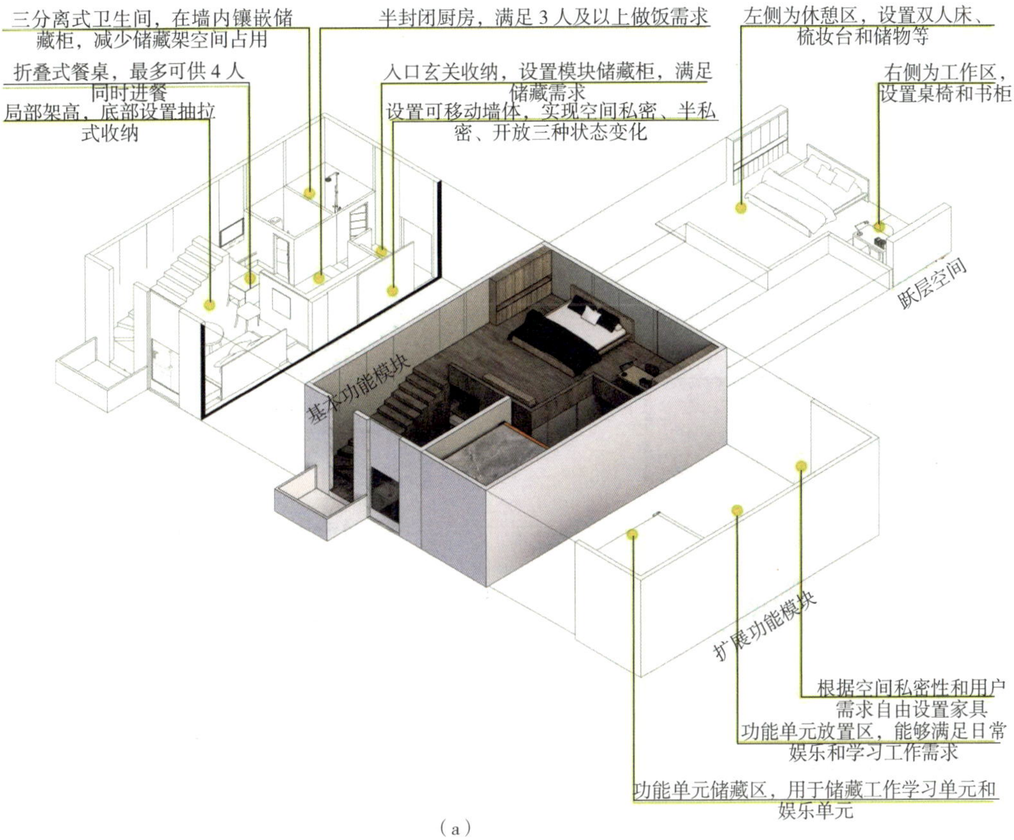

（a）

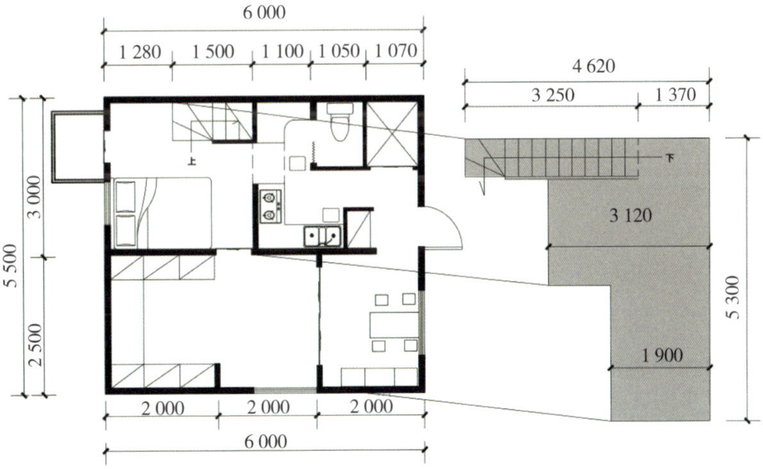

（b）

图 5.19　三室跃层式 B 平面图示

（a）模块组成；（b）套型平面

5.3.1.3　租赁共享式套型

此套型是在基本套型的基础上，采用扩展模块共享策略，将一个扩展模块对应两个基本模块进行设计。此类套型共三种平面，其方案如下。

1. 套型 A

该套型平面由基本模块 A、C 与扩展模块 A 组合而成（图 5.20），扩展模块位于中央，基本模块位于平面两端。基本模块设置卫浴单元和厨房单元，并在入口玄关处增加了部分储藏空间。扩展模块设置储藏和娱乐、工作学习单元，可根据需求适当减少单元种类，促进用户间交流。

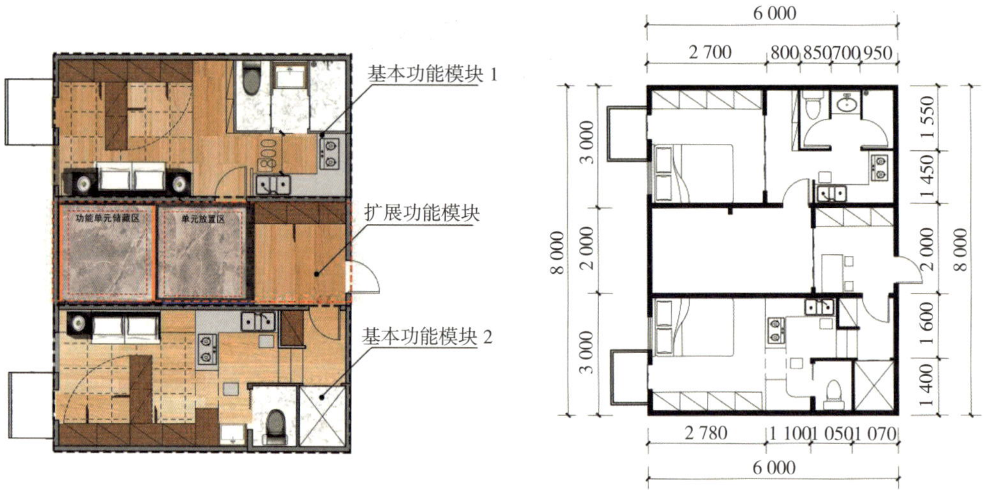

（a） （b）

图 5.20 租赁共享式套型 A 平面图示

（a）功能构成；（b）套型平面

该套型面积共 48.0 m²，开间为 6.0 m，进深为 8.0 m，层高为 2.2 m。基本模块面积共 36.0 m²，扩展模块面积共 12.0 m²，该套型最多供 4 人居住。

2. 套型 B

该套型平面由两个基本模块 A 与扩展模块 A 组合而成（图 5.21），套型将扩展模块置于基本模块顶端。基本模块设置卫浴单元和厨房单元，并在入口玄关处增加了部分储藏空间。扩展模块为避免用户使用时间冲突，将娱乐、工作学习单元置于模块中央，该套型主要为爱好不同的用户设计。

该套型面积共 48.0 m²，开间为 6.0 m，进深为 8.0 m，层高为 2.2 m。基本模块面积共 36.0 m²，扩展模块面积共 12.0 m²，该套型最多供 4 人居住。

3. 套型 C

该套型平面由两个基本模块 A 与扩展模块 A 组合而成（图 5.21）。扩展模块和基本模块位于另外一个模块顶端。基本模块和扩展模块设计方式与套型 A 类似。

图 5.21　租赁共享式套型 B、C 平面图示

(a) 套型 B 功能构成;(b) 套型 B 平面;(c) 套型 C 功能构成;(d) 套型 C 平面

该套型面积共 48.0 m^2，开间为 6.0 m，进深为 9.0 m，层高为 2.2 m。基本模块面积共 36.0 m^2，扩展模块面积共 12.0 m^2，该套型最多供 4 人居住。

5.3.2　单体标准层平面设计

5.3.2.1　平面设计思路

在标准层平面设计上，参考开放建筑理论。将标准化套型模块作为整个住宅的支撑体，能够满足青年群体和中年商贩的基本生活要求；将公共空间作为填充体，以 6 m 为基本轴网进行设计，在内部设置青年交流区和周边商贩贸易区，通过自发的活动交流，改善公共空间与居住功能配置，促进群体内部融合共生（图 5.22）。

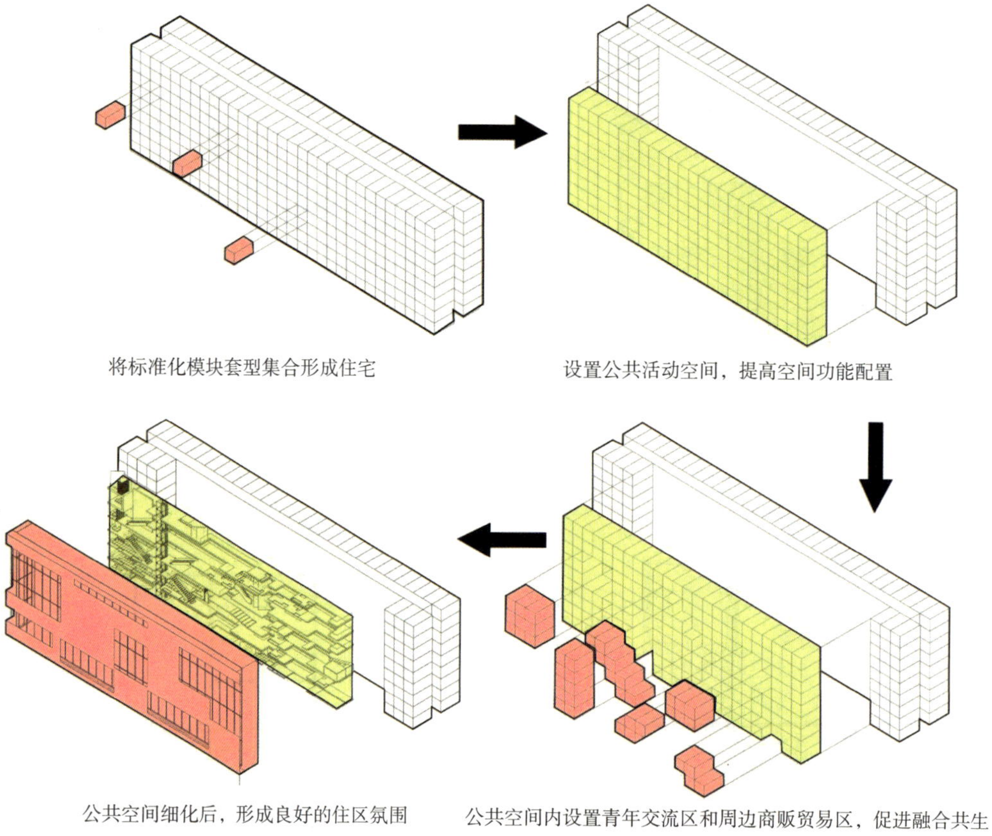

图 5.22　标准层平面设计步骤

公共空间共享化设计不仅可以保证个人活动的私密性，增加环境与空间的可交互性，还能营造有利于青年群体交流、娱乐的充满活力的居住氛围，让居住者更积极主动地参与到公共生活中来。此次设计以青年群体和中年商贩群体为核心，公共空间不仅要满足青年群体的娱乐、交流需求，还应保证商贩的日常贸易需求。在贸易需求方面，以模块可变性和共享化为基础，设置多种共享贸易空间，通过高效合理的交通核将空间进行串联，形成分时段共享、功能复合的贸易模式，为住户提供高效率、高品质的居住环境。在娱乐交流需求方面，设置可延伸的扩展功能模块，给不同需求的人群提供不同空间，促进空间的快速发展和融合（图 5.23）。

图 5.23　公共空间剖面及效果图（组图）

图 5.23　公共空间剖面及效果图（组图）（续）

5.3.2.2　标准层平面图

标准层平面为“一”字形布局，由两室基本套型 C、租赁共享式套型 A 和可拆卸基本模块 A 组合而成。一层主要设置公共交流空间，为住宅内部及周边提供贸易交流场所。2~8 层设置居住模块和公共空间，每层设置 3 户基本套型模块、4 户租赁式套型模块、2 户可拆卸基本模块。将基本套型设置在平面两端位置，租赁式套型设置在中部位置，将公共空间设置在楼梯间附近，以便于住户交流活动（图 5.24）。

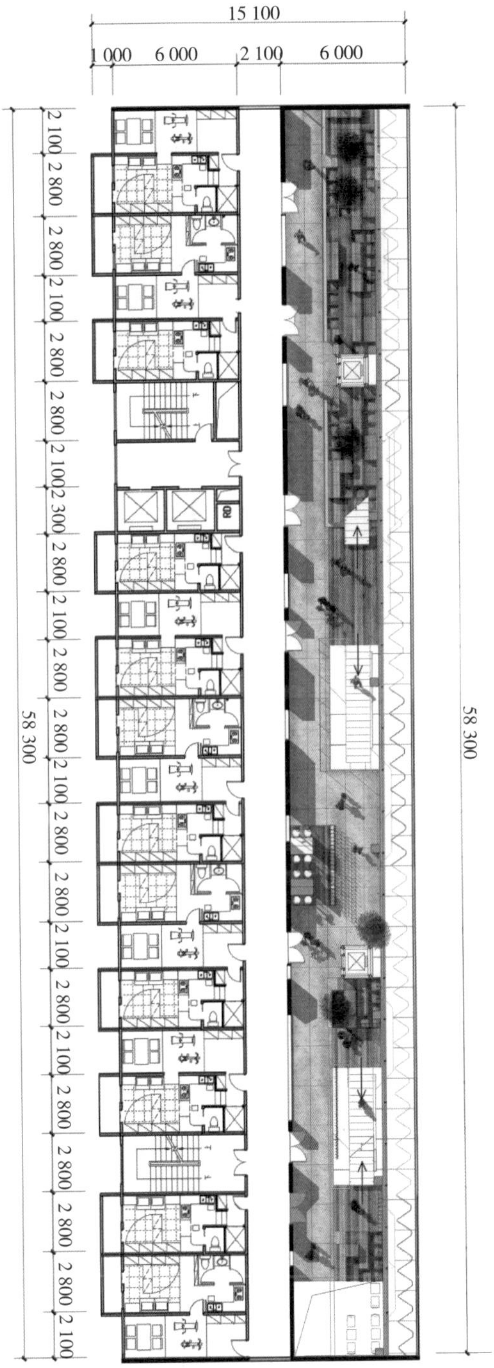
15 100
1 000
6 000
2 100
6 000
58 300
58 300

(a)

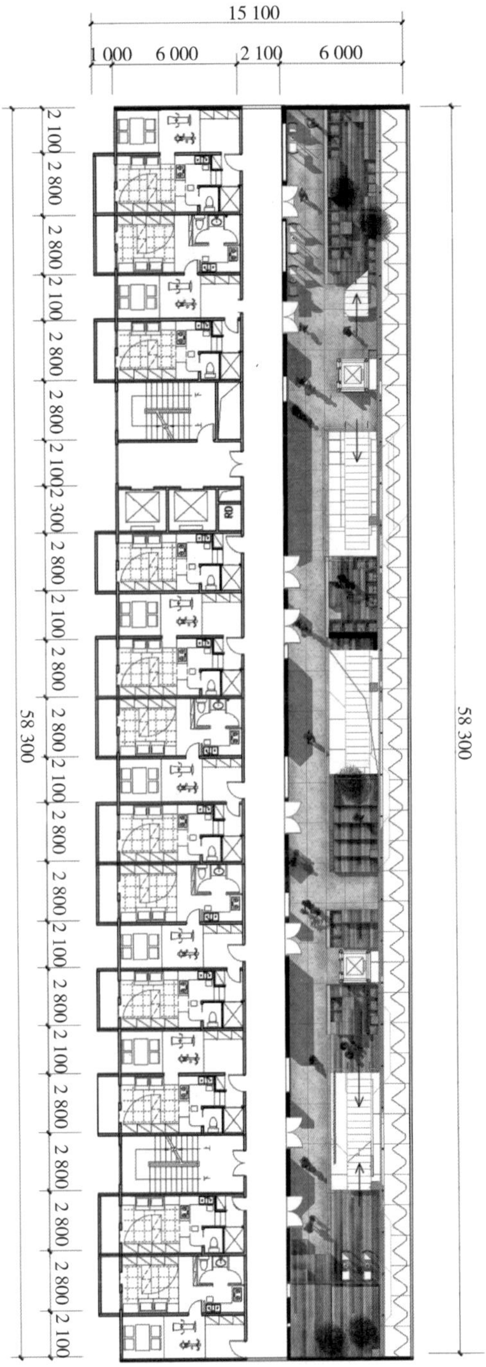
15 100
1 000
6 000
2 100
6 000
58 300
58 300

(b)

15 100
1 000
6 000
2 100
6 000
58 300
58 300
RD
（c）

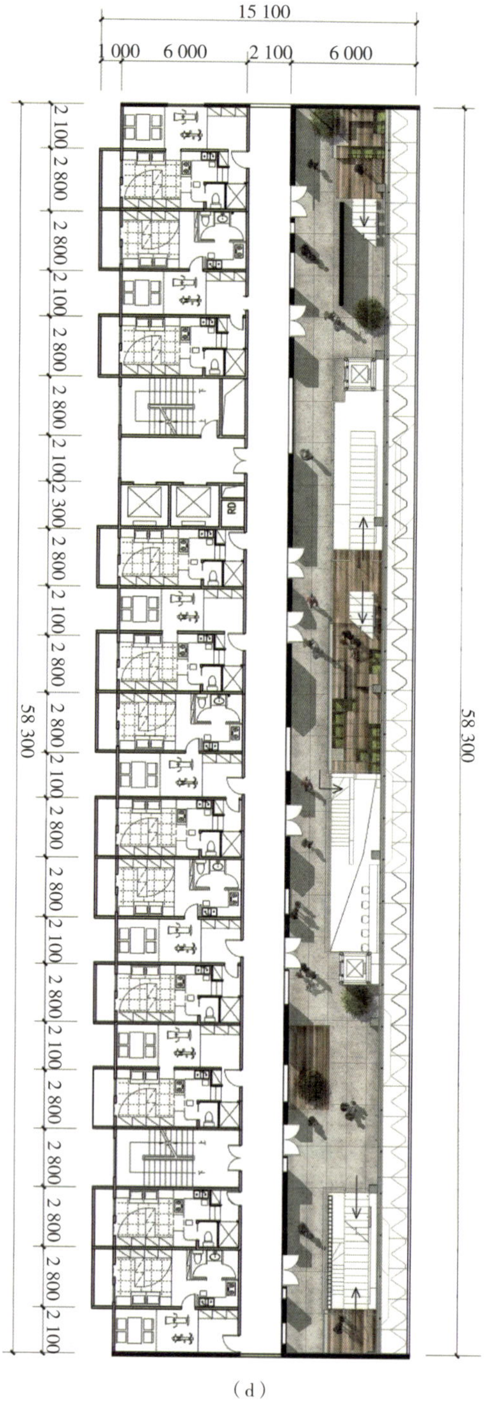
15 100
1 000
6 000
2 100
6 000
58 300
58 300
RD
（d）

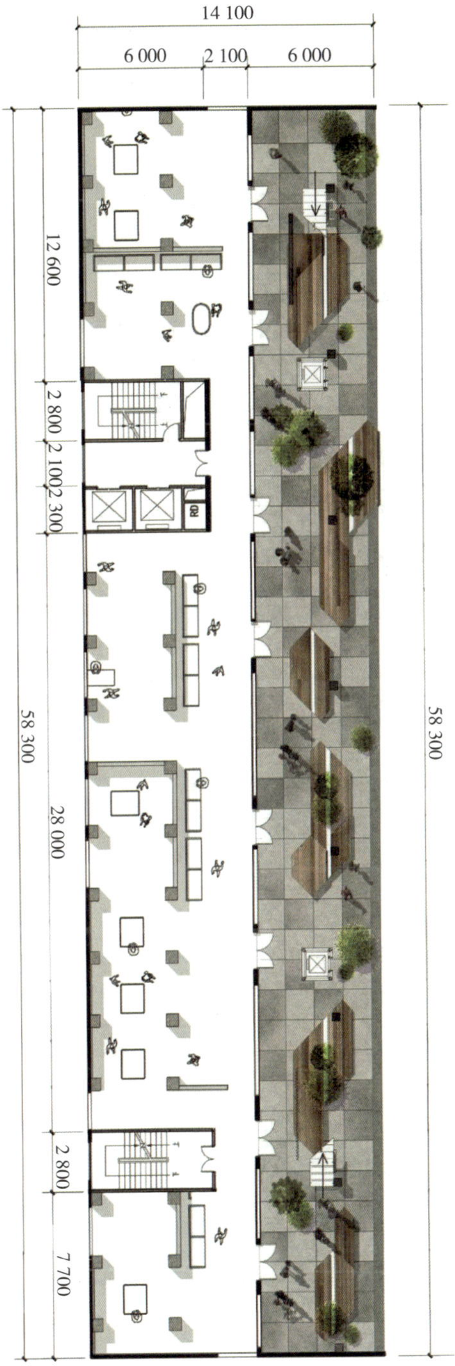
14 100
6 000
2 100
6 000
12 600
2 800
2 100
2 300
28 000
2 800
7 700
58 300
58 300

(e)

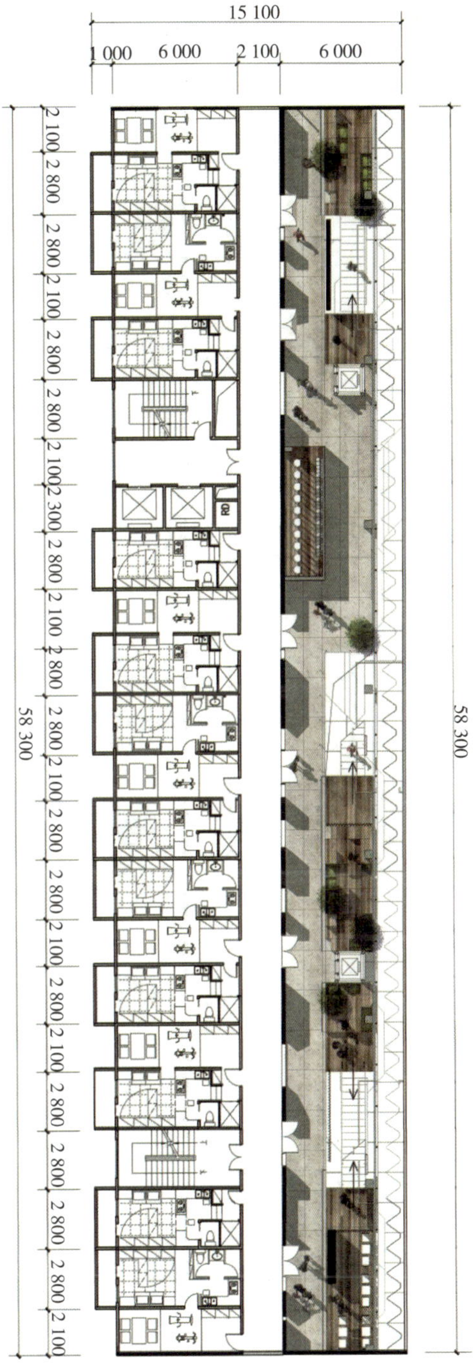
15 100
1 000
6 000
2 100
6 000
2 100
2 800
2 800
2 100
2 800
2 800
2 100
2 300
2 800
2 100
2 800
2 800
2 100
2 800
2 800
2 100
2 800
2 100
2 800
2 800
2 800
2 800
2 100
58 300
58 300

(f)

（g）　　　　　　　　　　（h）

图 5.24 “一”字形布局平面图

（a）首层平面图；（b）二层平面图；（c）三层平面图；（d）四层平面图；（e）五层平面图；（f）六层平面图；（g）七层平面图；（h）八层平面图

5.3.3 立面设计意向

立面设计意向如图 5.25 所示。

图 5.25 单体立面图

5.4 相关设计技术研究

5.4.1 主体结构系统集成设计

主体结构系统由能满足功能模块空间需求，并可以在工厂快速生产的，集抗震、保温、隔声和装饰等特性于一体的高度集成部品组成，也称为装配式隔墙、吊顶和楼地面系统。集成系统应符合现行标准规定，并满足生产、运输和安装等要求。其中，室内分户墙应满足隔声和防火等要求；厨卫空间内隔墙、吊顶和楼地面应满足保温、防火、抗震等要求。

5.4.1.1 装配式楼地面

装配式楼地面主要采用架空的方式，通过地板面层与楼板结构之间预留可铺设管线的中空层，完成主体结构与管线的分离。一方面，架空楼板能够增加构件的使用寿命，防止基板受潮变形；另一方面，空气层可有效隔声保温，增加居住空间舒适度。

架空楼板在模块各个单元都可使用。当经济条件有限或层高不足时，可只在厨房单元和卫浴单元使用架空楼板。架空楼板常用先立墙式和先铺地式进行施工（图 5.26），施工时应注意三点要求。首先，架空楼板宜在工厂初步加工后，再进行现场拼装。楼板面层与楼板结构之间最好预留 110 mm。其次，楼板面层下方需要设置支撑脚，每个支撑脚都可根据荷载要求和地面平整度独立调整，应根据需要调节的高度范围确定支撑脚的型号，根据不同的产品规格，确定安装的间距。最后，在安装时，应考虑管线位置，根据位置调整整体支撑高度，在墙体和楼板交界区预留一定缝隙，保证空气贯通。

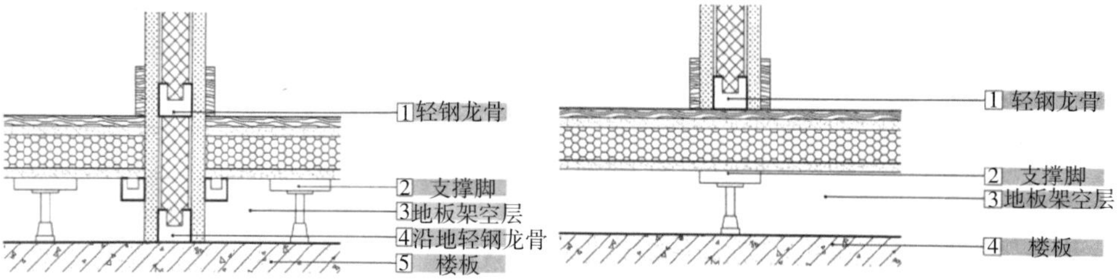

图 5.26 地面与墙面构造形式

（图片来源：《SI 住宅与住房建设模式——体系·技术·图解》）

5.4.1.2 装配式墙面系统

装配式墙面系统是在管线集成的基础上，实现墙体和装修一体化，通过工厂加工、现场组装的方式完成作业，在缩短施工期限和提高墙体整体性能方面具有巨大优势，同时也是建筑内装工业化的基本措施之一。根据使用的材料和施工工艺不同可将墙面系统分为轻质隔墙和架空隔墙两类。轻质隔墙根据使用材料不同可分为不同种类，如龙骨类、轻质水泥基板类、轻质条板类和木骨架组合类等。架空隔墙和架空楼板在施工技术上类似，通过与结构墙体结合形成空腔，完成管线的放置。可根据树脂螺栓和轻钢龙骨的尺寸，在一定范围内调整空腔大小，以方便维修更新。

1. 轻质隔墙

目前，国内应用较为成熟的轻质隔墙为轻钢龙骨石膏板隔墙，其自重轻、抗震性能好、布置灵活等优点，能够大幅度提升空间性能和居住环境质量。使用轻钢龙骨石膏板隔墙应注意以下四点。在尺寸方面，龙骨间距应注意模数，考虑预留门窗洞口的尺寸和数量。对于一般空间，如储物间、休憩单元，隔墙厚度可做到 60 mm，对于隔声、防水和防火要求较高的空间，如卫浴、厨房单元等的隔墙厚度可做到 100~150 mm。在承重方面，隔墙上固定或吊挂物件的区域应采取加固措施，预先确定承重区位置，通过调整龙骨间距、增加龙骨横撑和预埋木方等措施为外挂安装提供预留条件。在管线布置方面，对水电的管线应进行加固处理。应考虑龙骨与管线之间灵活组合，以避免在安装和维修中对墙体造成破坏。在连接方面，应采用柔性连接的方式将龙骨骨架与主体结构相连。

2. 架空隔墙

为便于内装管线与结构墙体完全分离，方便日后维修与更新，采用干式施工工艺将结构墙体与装饰面层架空，在空腔内放置管线，并防止出现因温度变化引起墙体结露现象。架空隔墙常用干法施工，这种方法能够大幅度提高施工效率，保证墙体质量，便于后期清洁维护。架空隔墙也可称为双层贴面墙。

在架空材料选择上，常使用轻钢龙骨架或者树脂螺栓进行架空。轻钢龙骨架成本较低，安装快捷简便，但进行剪裁切割时会造成一定的浪费。树脂螺栓由于是日本进口产品，国内尚无产品代替，价格比较昂贵。在干式施工技术方面，应考虑先进行管线和保温层的铺设，待其完成后再测量墙体尺寸，计算墙体所需轻钢骨架面积或树脂螺栓个数，结合保温隔声工艺，充分利用架空空间。

5.4.1.3　装配式吊顶

不同于传统住宅设计，装配式吊顶通过轻钢龙骨或木龙骨使吊顶与结构层架空（图5.27），将管线放置在空腔内，实现吊顶、取暖、通电、照明等设施一体化。吊顶应具有空间功能分隔和装饰作用。应根据住户需求进行材料选择和整体设计。根据材料的特性，吊顶的方式也有所不同。轻钢龙骨坚固耐用，施工速度较快但无法弯曲出复杂造型，可用于大面积平顶空间；木龙骨易于切割，方便加工，但不耐火、抗腐蚀性能差，适合面积较小和复杂造型的空间。

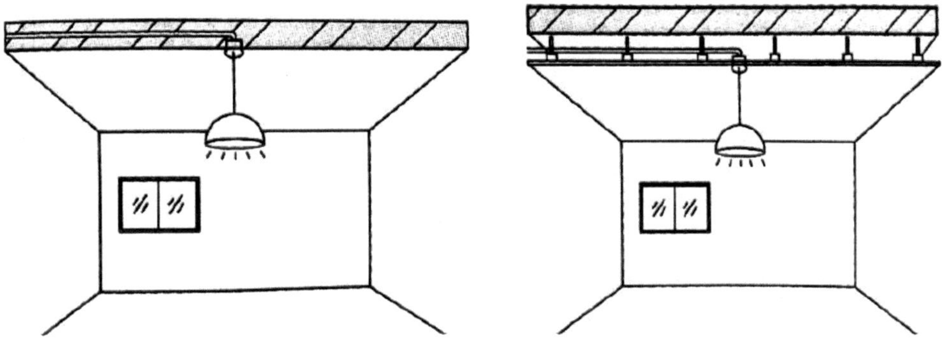

图 5.27　吊顶构造对比（组图）

（图片来源：《SI 住宅与住房建设模式——体系・技术・图解》）

在装配式吊顶施工时，需要注意以下几个技术要求。首先，吊顶主龙骨的间距一般为 900~1 200 mm，覆面龙骨间距需与板材的模数相对应，宜为 300~600 mm；其次，不同的功能模块可设置不同的高度，但总净高不应小于 2 200 mm，卫浴和厨房单元的吊顶应设置通风、排烟和给水管道，高度可适当增加；再次，考虑管线与门窗洞口的关系，吊顶高度不应低于门窗上口，同层通风、排烟的出风口最下部应至少高于吊顶底部 50 mm，分体空调室外机管道预留洞口高度要低于吊顶 300 mm；最后，吊顶应在吊灯、窗帘盒、窗帘轨道等位置进行木工板加固处理。固定石膏板的钉头必须进行防腐处理。

5.4.2　设备与管线集成设计

传统住宅往往采用开槽的形式进行管道铺设，这种铺设形式会对结构主体造成一定的破坏。当住宅进行二次装修时，则需要再次破坏结构，重新铺设管线，这对于住宅结构的安全性、稳定性影响较大。

在模块化居住空间中，通过管线分离技术，将管线与设备设置于地面架空层、吊顶或轻质隔墙空腔内，在保证不破坏主体结构的情况下，方便管线与设备的更换与维修，同时满足装配式内装生产、建造及施工要求，有效提高后期施工效率，合理降低维护、更新成本。

5.4.2.1 卫浴单元管线集成设计

卫浴单元管线集成设计主要考虑管线在主体结构中的位置、排布方式和防水要求。在设置管线时应与厨房单元共同协调位置、管道数量和走向，尽量将其放置于同一侧。重点考虑预留洞口的数量和管径规格，将排水旋流、集水装置放置在架空楼板处，同时更新维修装置。当卫浴单元采用降板整体式卫生间时（图 5.28），降板高度应与主体楼地面相协调，避免高度差异过大导致渗漏等问题。

（a）　　　　（b）

图 5.28　整体式卫生间示意（组图）

（a）降板装配式整体卫生间;（b）零降板装配式整体卫生间

（图片来源：https：//bbs.co188.com）

应尽量缩短卫浴单元内部管道的尺寸。排水和给水路径应满足相关规范要求，不应有 180° 的水管回转设计。在计算管线宽度时，应以整体尺寸为标准，不能以中线计算，U 形管道要加入 10~15 mm 的管线间隔尺寸。 在卫浴单元采用管线分离时，应在架空层设计隔声减噪和防水防潮等措施，将内装部品与室内管线分类设计。为保证建筑整体结构耐久性，管道的材质和尺寸规格应与建筑预留管线相同。内部的电源、插座不应与排水管距离过近。

5.4.2.2 厨房单元管线集成设计

传统厨房一般采用集排式排烟系统，每一户的油烟集中在公共排烟道内排放，经油烟清洁装置处理后再排出室外。这种方式会出现油烟泄露、回流现象，造成各楼层厨房和卫生间串味、防火隐患和后期维修困难等问题。

借鉴国外的装配式建造经验，可采用直排式排烟系统，将排烟口与室外相连，烟直接排出室外。这种方式需要每户单独设置油烟清洁装置、防倒流接口等设备，并将洞口设置于阳台周围。相较于传统排烟方式，这种方法的通风效果更好，排风机功率较低，有利于节约能耗。

在排烟管道设计方面，厨房单元应采用同一楼层油烟管道直排的方式，即采用烟气直排系统。将管道与室外洞口或窗口相连，油烟产出后直接排出室外。采用直排设备时，应将风帽安装牢固并严格密封排烟口与外墙之间的缝隙。在给排水方面，从维修空间大小和管道连接方式两方面综合设计冷、热水管道的水平位置。排水口可置于洗物柜或洗菜盆下方，距地 500 mm 处，同时应考虑维修、排水、防潮等多方面因素影响。

5.4.3　装修一体化设计

装修一体化是指在主体工程完工后，建设单位委托装修公司，将室内空间，如墙面、地面进行粉刷，卫浴模块、厨房模块内部相关部品和基础设施全部安装完成，住户无需进行二次装修即可入住。现阶段的传统住宅装修模式多由住户自主完成，这种模式不仅造成施工时间缓慢、费用较高等问题，还会产生安全隐患，不利于模块化住宅的长远发展。而装修一体化能够通过工厂内部标准化、系统化的生产作业，统一采购模块内所需的材料与部品，使模块建造与装修设计紧密、有机地联系在一起，符合模块化住宅产业高品质、高效率、低成本的要求，具有十分重要的现实意义。

可将卫浴单元分为如厕区、盥洗区、沐浴区，针对每个区域所需的功能分别设计墙面、地面、吊顶、门窗及五金构件。在如厕区设置坐便器等；在盥洗区设置浴巾收纳、洗脸盆、洗衣机等；在沐浴区设置花洒、浴帘隔断、毛巾架、浴巾架、沐浴用品架等。地面、墙面宜选用釉面砖等防水材料，并做防滑处理。布局方式宜采用二分离式、三分离式，采用轻质隔墙或浴帘将如厕和沐浴功能分开。

可将厨房单元分为烹饪区、洗涤区、操作区，针对每个区域所需的功能分别设计天花板、墙面、地面、橱柜与厨具。在烹饪区设置燃气灶、抽油烟机等；在洗涤区设置单槽或双槽洗菜盆、洗碗机；在操作区设置砧板等；还需预留主要电器，如冰箱、微波炉、电烤箱的存放位置；根据设备确定水管、天然气管的位置，并预留检修口。

将休憩单元分为娱乐区、休息区，针对每个区域所需的功能分别设计天花板、墙面、地面、吊顶、收纳与家具。在娱乐区设置电视、组合沙发、收纳柜等；在休息区设置床、梳妆台。地面可采用木制或砖石地板。根据需求设计吊顶造型，多采用木龙骨。墙面可设置墙纸。休憩模块的设计既要考虑住户日常休息，又要保证物品的合理摆放。应充分考虑人体工学尺寸、收放物品的习惯、人群特征等，使休憩空间更具舒适性和便捷性。

5.5 小结

本章在第三、四章的研究基础上，以独居或多人租赁房屋为核心，重点考虑基本模块和扩展模块的设计策略和组合方法，提出了扩展模块共享化、基本模块复合化和家具收纳高效化三种设计策略。选取装配式住区荣悦园附近的场地进行微型居住空间模块化设计实践。根据区位现状和存在的问题，提出了三种针对青年人群的套型，包括两室基本套型、三室跃层式套型和租赁共享式套型。通过居住空间与公共空间的合理组织，设计单体标准层平面和建筑立面。对功能模块内主体结构系统集成、设备与管线集成和装修一体化相关设计技术进行了说明。

结 语

随着社会的快速发展，传统住宅的设计方法和技术手段在精细化、标准化方面存在着不足，难以满足大城市高质量、快速发展的要求。以模块化理论为基础，采用智能立库、可移动楼板等新技术的微型居住空间，兼顾了空间开放性和居住需求多样化的优势，为新市民、青年人的居住问题提供了合理的解决思路。

通过对相关理论和装配式住宅实地调研内容的梳理，总结出微型居住空间功能模块优化设计内容，提出空间共享化、复合化和高效化利用的模块设计方法和优化策略，通过实践方案探索居住与公共空间的组织和交互，在面积有限的前提下大幅度提升住户的使用感受和体验。研究结论总结如下。

1. 归纳装配式微型居住空间使用现状及存在的问题

通过装配式微型居住空间品质与使用现状调研及对调研地区住户基本信息、装配式认知和套型平面进行分析，归纳出目前住宅设计在住户需求与空间功能适应性、空间精细化和模块尺寸标准化三方面存在的问题（表 6.1），为优化功能模块的组合与设计提供了解决思路。

表 6.1 住宅设计问题总结

设计问题	具体内容
需求与空间功能适应性较差	不同年龄段的住户日常行为和空间需求存在较大差异。现有的功能空间设计单一、乏味，套型平面同质化严重。 住宅空间面积有限，随着经济条件或家庭结构的改变，难以满足住户多样化居住需求
空间精细化设计缺乏考虑	厨卫空间缺乏操作流程和对人体尺度的考量，没有预留冰箱、洗衣机等大型设备位置。 储藏收纳没有考虑家具部品数量搭配。收纳空间尺度、可变性和分隔方式与住户需求不相符。 智能家具设备考量不足，没有使用智能设备“扩展”居住空间面积
模块尺寸标准化程度较低	功能模块尺寸限制因素考虑不够全面。设计缺少从设计标准、预制生产、运输、施工等多个流程尺寸限制的思考。 模块系统和技术体系不成熟，对卧室、客厅和阳台的模数体系和部品设计考虑较少

2. 探索弹性模块化设计的优化思路和模块组合方法

在传统思路的基础上，进行弹性模块化设计。根据住户的行为和需求，模块可分为基本模块和扩展模块。设计者依据其特性进行内部单元精细化设计，以满足住户对住宅多样化的定制需求（表6.2）。弹性设计思路的扩展模块尺寸大多一致，这样不但能够在很大程度上减轻工厂大规模生产的负担，还能降低运输成本。弹性模块化设计通过采用智能立库、可移动机器人等新技术，使得居民在同一地点、不同时间段内拥有不同的居住体验。

表6.2 居住行为与模块对应关系

居住行为	模块分类	单元细分	设计要点
基本行为	基本功能模块	厨房单元	考虑清洗—剪切操作—烹饪三个操作流程中部品、电器设备尺寸和位置
		卫浴单元	注重干湿分离设计，考虑储藏部品和卫生洁具摆放问题
		休憩单元	预留走道便于住户整理床铺用品和上下床等行为，若家中有老年人，还需考虑无障碍设计
扩展行为	扩展功能模块	工作学习单元	考虑的空间集约和转化，通过家具、智能立库和可移动墙体，满足住户多样的行为需求，使单元既可以用来工作学习，又可以通过家具变化，将工作学习空间转化为娱乐空间
		娱乐单元	

参数化设计方法能够合理解决模块组合灵活性的问题。设计者通过参数化算法和可视化分析能够直观地分析出各个模块之间的关系，以便于判断模块间组合的可能性。同时在设计中通过算法迭代，对每个模块的位置进行改进、优化，极大地提高了设计效率，保证了设计的准确度。

3. 提出微型居住空间模块优化策略及设计方案

基本模块复合化策略从维度和适应性两方面对空间进行拆解和叠加，通过缩短交通流线、增加移动隔墙、设置跃层等方式丰富空间层次。扩展模块共享化将扩展模块与住宅套型分离，将其设计为多个住户共同占有，或将其放置于住宅的公共区域内，通过小群体共享或社区共享，促进人与人之间的交流合作。家具收纳高效化策略主要体现在微型居住空间内使用折叠式、移动式和模块化家具，以充分利用住宅内部空间。

微型居住空间设计实践以青年和中年商贩人群为核心，合理设置居住空间和公共空间，促进群体内部融合共生。根据设计问题和优化策略，提出了两室、三室和共享租赁三种套型，设计了单体标准层和立面，梳理了功能模块内主体结构系统集成、设备与管线集成和装修一体化相关设计技术。

总而言之，模块化理论本质上是简化复杂的系统。作为工业制造和经济管理领域的管理方法，其实质与装配式住宅设计思路和手段相契合。将模块化理论应用到微型居住空间设计中，能实现微型居住空间与工业化住宅产业从理论到实践的对接，快速生产出高品质且占用土地资源少的居住建筑，在当前大城市谋求高质量发展的背景下，具有十分重要的理论和现实意义。

附录 A：装配式住宅品质调查问卷

您好，我们是河北工业大学的学生，正进行一项关于装配式住宅居住品质与使用状况的调查。本问卷采用不记名形式，所有数据仅用于研究分析，请您放心填写；回答时，请根据自身实际居住体验和使用需求，在选项处进行勾选，感谢您的帮助。

一、基本信息

1. 请问您的年龄是

①20~30　②31~40　③41~50　④51~60　⑤61~70　⑥71~80

2. 您的性别为

①女　②男

3. 目前的居住形式

①独居　②二人世界　③三口之家　④三代同堂　⑤其他

4. 请问您打算购买的房屋建筑面积是

①41~50 m^2　②51~60 m^2　③61~70 m^2　④71~90 m^2　⑤90 m^2 以上

5. 购房时是否了解过装配式住宅

①是　②否

6. 如果将来要搬出装配式房，对您来说最大的原因是什么

①房屋及社区品质不好　②家庭人口增多、面积太小不够住

③经济条件改善、不满足居住要求　④工作地点转移

二、房屋设计评价

在房屋设计方面，您的评价如何呢？请用 5 分制表示，5 表示非常满意，4 表示比较满意，3 表示一般，2 表示不太满意，1 表示非常不满意。

1. 您对目前的套型设计（主要包含套型布局、空间合理利用、卧室、客厅、厨卫设计等）评价为

①1　②2　③3　④4　⑤5

（1）（针对第一项回答为 1~3 的被访问者）若不满意，请问哪些方面需要改善和提升？（可多选）

①套型布局

②空间合理利用（储存空间）

③卧室大小、操作便捷性

④客厅大小、操作便捷性

⑤厨房大小、操作便捷性

⑥卫生间大小、操作便捷性

⑦阳台大小、位置合理性

⑧门窗大小、位置合理性、开闭的便捷性

2. 您对目前居住舒适性（主要包括采光、通风、隔声等）方面的评价为

①1　②2　③3　④4　⑤5

（1）（针对第一项回答为1~3的被访问者）若不满意，请问哪些地方需要改善和提升？（可多选）

①采光（具体房间为__________）

②通风（具体房间为__________）

③隔声（具体房间为__________）

④遮阳效果（具体房间为__________）

⑤其他__________

3. 您对目前居住安全性（主要包括阳台、栏杆、飘窗、建筑结构、防盗等）方面的评价为

①1　②2　③3　④4　⑤5

（1）（针对第一项回答为1~3的被访问者）若不满意，请问哪些地方需要改善和提升？（可多选）

①阳台、栏杆的高度

②防滑设计、老人使用的扶手（无障碍设计）

③防止他人从楼上攀爬、翻越进入方面

④其他__________

三、房屋质量评价

在房屋质量方面，您的评价如何呢？请用5分制表示，5表示非常满意，4表示比较满意，3表示一般，2表示不太满意，1表示非常不满意。

1. 请问您家房子**从收楼到现在**是否出现过房屋质量评价为

①1　②2　③3　④4　⑤5

（1）（针对第一项回答为1~4的被访问者）请问您家遇到过哪些质量问题？（可多选）

主体质量问题方面。

①空鼓（墙面、地面、天棚）

②裂缝（墙面、地面、天棚）

③渗漏（屋面、外墙、门窗、卫生间、厨房）
④入户门（门框、门扇、门贴脸、五金件）
⑤外墙门窗（门窗框、固定玻璃、开启扇、五金件）
⑥阳台栏杆（立柱、格栅、扶手）
⑦强电（线路、开关、插座、灯具、配电箱等）
⑧弱电（对讲、安防、电视、网络、电话等）
⑨给排水（给水管、排水管、污水管、地漏、龙头等）
⑩其他__________

装修质量问题方面。

①涂料（墙面、地面、天棚）
②墙地砖、木板（墙面、地面）
③入户门（门框、门扇、门贴脸、五金件）
④收纳系统（橱柜、洁柜、衣柜、鞋柜、镜箱）
⑤洁具五金（淋浴房、马桶、洗手盆、地漏等）
⑥其他__________

附录B：单元功能区部品尺寸

单元名称	功能区域类别	部品图示/mm	说明
卫浴单元	如厕区	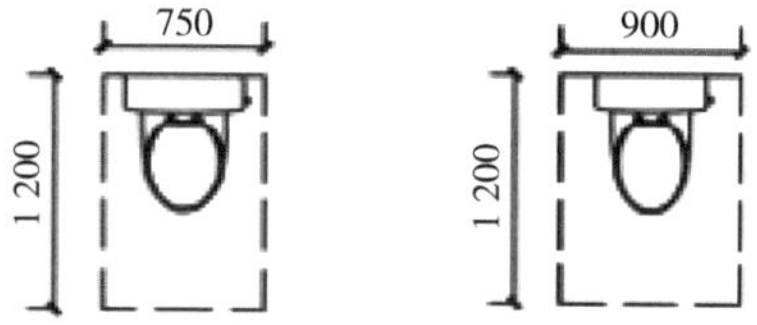	包含座便器、手纸及活动区域等
	洗漱区	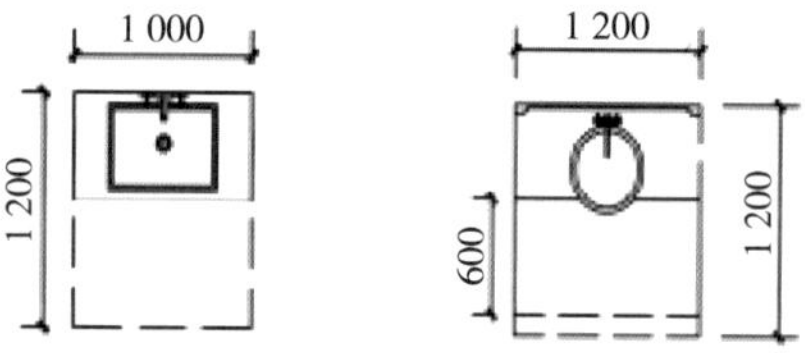	包含浴室柜、相关配件、活动区域等
	沐浴区	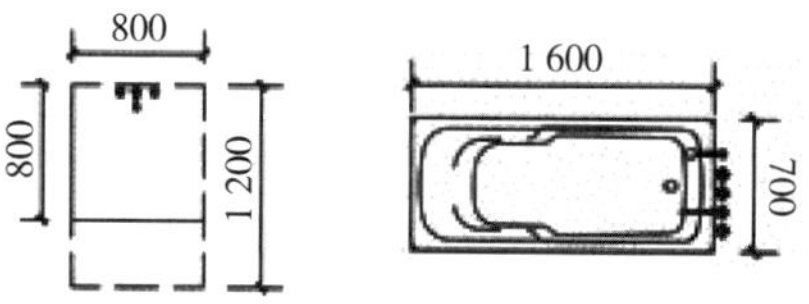	包含花洒、浴帘隔断及其相关配置与活动区域
	洗衣区	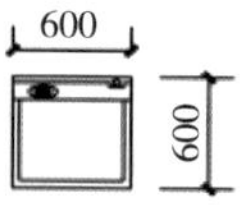	根据面积添加物品尺寸
厨房单元	烹饪区	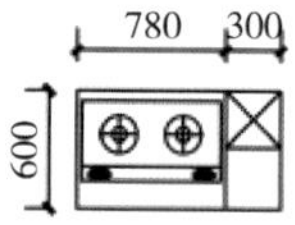	包含燃气灶及存放空间
	清洁区	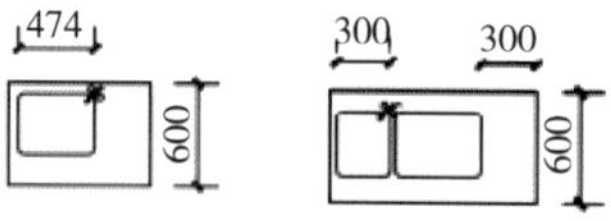	单槽与双槽及其沥水空间
	操作区	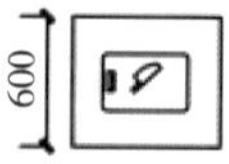	包含砧板及其相应的活动空间

续表

单元名称	功能区域类别	部品图示/mm	说明
厨房单元	自定制区	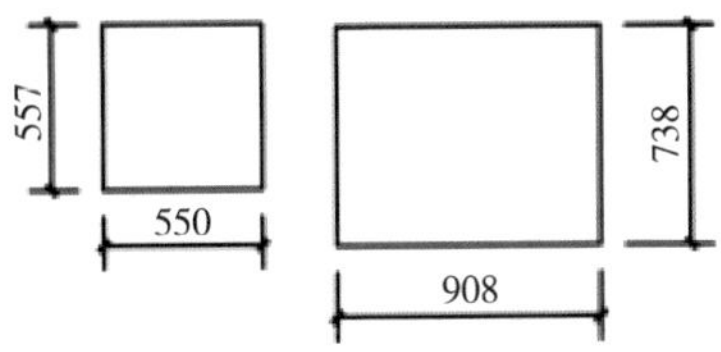	单开门与双开门冰箱。根据面积也可添加烤箱等物品
休憩单元	交流娱乐区	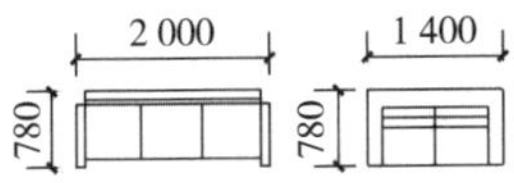	电视与沙发及其电视柜
	休息就寝区	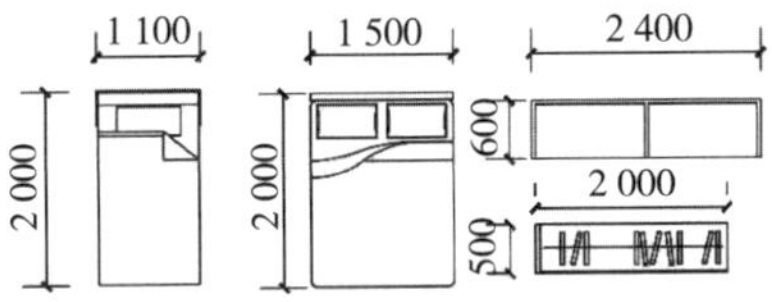	包含床及储存空间
	自定制区	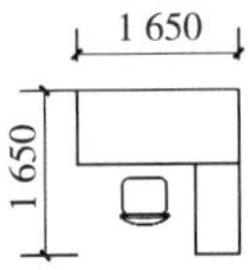	可根据面积放置书桌、宠物沙盆、植物等
工作学习单元	工作学习区	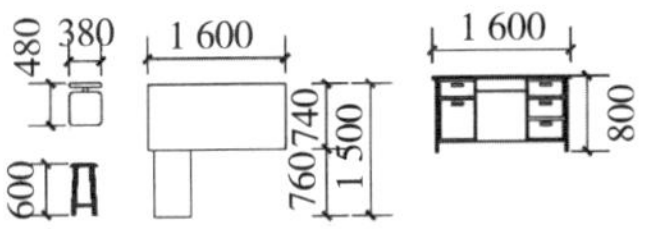	包含书桌及椅子
	储藏区		包含书柜与书台
	展示区	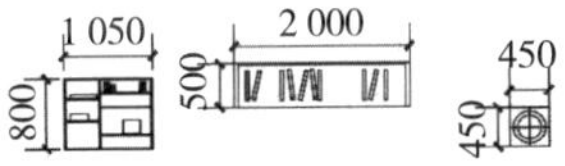	包含展示柜和展示台
	自定制区	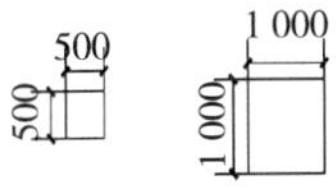	可根据面积放置书桌、展台等
娱乐单元	娱乐交流区	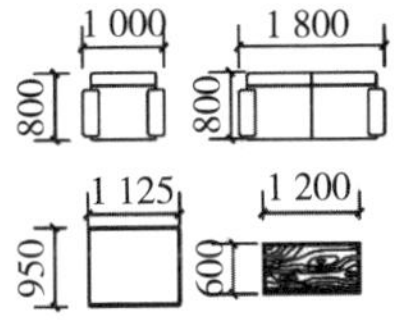	包含沙发、茶几及电视等

续表

单元名称	功能区域类别	部品图示/mm	说明
娱乐单元	健身区	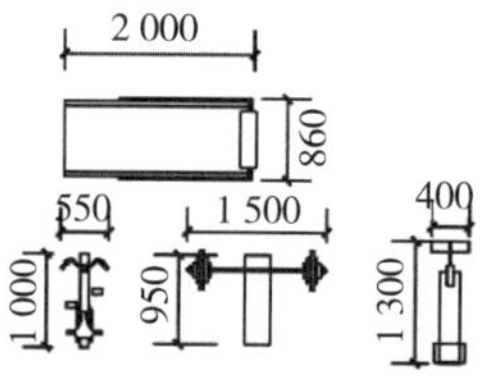	包含健身器械
	演奏区	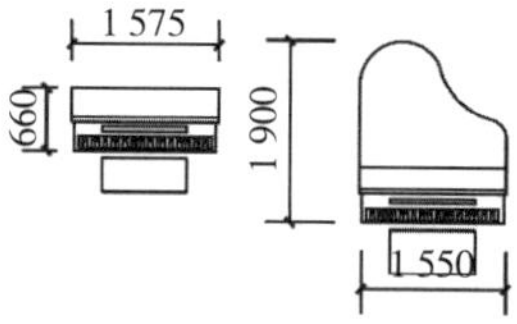	包含演奏乐器等
	自定制区	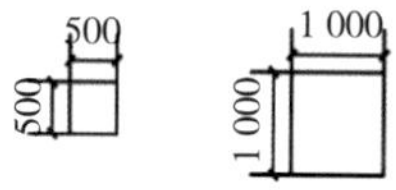	可根据面积放置书桌、展台等

参 考 文 献

[1] 刘东卫，周静敏. 建筑产业转型进程中新型生产建造方式发展之路[J]. 建筑学报，2020（5）：1-5.

[2] 辛善超. 基于模块化体系的建筑“设计—建造”研究[D]. 天津：天津大学，2016.

[3] 孙澄. 数字化建筑设计与建造[J]. 城市建筑，2017（4）：3.

[4] 周静敏，陈静雯，伍曼琳. 装配式内装工业化系统在既有住宅改造中的应用与实验：设计篇[J]. 建筑学报，2020（5）：38-43.

[5] HERBERT A S. The architecture of complexity[J]. Proceedings of the American philosophical society，1962，106（6）：467-482.

[6] BALDWIN C Y，CLARK K B. Managing in an age of modularity[J]. Harvard business review，1997，75（5）：84-93.

[7] BALDWIN C Y，CLARK K B. Design rules：the power of modularity volume [M]. Cambridge：MIT Press，1999.

[8] 青木昌彦. 硅谷模式的信息与治理结构[J]. 经济社会体制比较，2000（1）：18-27.

[9] SALINGAROS N A，TEJADA D M. Modularity and the number of design choices[J]. Nexus network journal，2001，3（1）：99-109.

[10] CECÍLIA R，CARLOS F，PATRÍCIA T. Adopting product modularity in house building to support mass customisation[J]. Sustainability，2015，7（5）：4919-4937.

[11] DUARTE J P. A discursive grammar for customizing mass housing：the case of Siza’s houses at Malagueira[J]. Automation in construction，2005，14（2）：265-275.

[12] BENROS D，DUARTE J P. An integrated system for providing mass customized housing[J]. Automation in construction，2009，18（3）：310-320.

[13] 童时中. 论狭义模块化与广义模块化（一）[J]. 电子标准化与质量，1998（6）：21-33.

[14] 钟庭军. 模块化理论的局限及超越：一个修正性文献的综述[J]. 财经科学，2005（6）：119-125.

[15] 张伟，陈凤者. 基于合作竞争的模块化组织技术创新机制博弈分析[J]. 兰州学刊，2007（2）：78-80.

[16] 夏辉. 论模块化理论的演进脉络[J]. 经济与管理研究，2008（7）：82-86.

[17] 徐双庆，陈学光，李晶. 国内外模块化理论研究综述[J]. 科技管理研究，2008（9）：179-182.

[18] 林嵘，张会明. 探究建筑空间组织方式：论单元空间的重复与组合[J]. 建筑学报，2004（6）：35-37.

[19] 何镜堂，陈文东. 高校集群化实验楼设计初探[J]. 建筑学报，2007（5）：66-69.

[20] 贡小雷，张玉坤. 集装箱的建筑改造：一种可持续建筑的发展尝试[J]. 世界建筑，2010（10）：124-127.

[21] 于小菲，胡惠琴，郑丽娜. 钢结构农村住宅模块化设计方法初步研究[J]. 建筑学报，2011（S2）：132-137.

[22] 王蔚，魏春雨. LOT-EK 的集装箱建筑设计之路[J]. 工业建筑，2012，42（s1）：37-40，49.

[23] 崔愷，喻弢，关飞，等. 中间建筑，北京，中国[J]. 世界建筑，2013（10）：106-111.

[24] 袁烽，孟媛. 基于 BIM 平台的数字模块化建造理论方法[J]. 时代建筑，2013（2）：30-37.

[25] 樊则森，李新伟. 装配式建筑设计的 BIM 方法[J]. 建筑技艺，2014（6）：68-76.

[26] 辛善超，孔宇航. 当代建筑“设计—建造”关联性及运行流程研究[J]. 建筑师，2015（3）：17-23.

[27] 郭明，王建廷. 基于模块化理论的住宅工业化发展模式研究[J]. 天津城建大学学报，2016，22（1）：48-53.

[28] 王芸. 基于数字信息技术的模块化定制设计研究[D]. 天津：天津大学，2017.

[29] 孙澄，韩昀松. 基于计算性思维的建筑绿色性能智能优化设计探索[J]. 建筑学报，2020（10）：88-94.

[30] 孙澄，韩昀松，任惠. 面向人工智能的建筑计算性设计研究[J]. 建筑学报，2018（9）：98-104.

[31] 刘晓明. 现代大型医院的网络式规划与模块化设计探索[J]. 中外建筑，2019（2）：139-141.

[32] 张颂民，章明，谢琥. 雷神山医院[J]. 建筑学报，2020（Z1）：62-65.

[33] 王宽，袁瑀苗. 基于模块化理论的蒙古包设计研究[J]. 中外建筑，2020（8）：130-132.

[34] 周磊. 西方现代集合住宅的产生与发展[D]. 上海：同济大学，2007.

[35] GROPIUS W. Scope of total architecture[M]. London：George Allen & Unwin

ltd., 1956
[36] 臧志远. 苏联工业化集合住宅研究[D]. 天津：天津大学，2009.
[37] 斯唐，霍索思. 绿色住宅设计[M]. 周志敏，陈海明，译. 北京：中国电力出版社，2007.
[38] 袁海贝贝. 当代微住宅设计与建造研究[D]. 大连：大连理工大学，2015.
[39] KARIM S. Modularity in organizational structure : the reconfiguration of internally developed and acquired business units [J]. Strategic management journal, 2006, 27 (9) : 799-823.
[40] 朱辉. 关于模块和模块化概念探讨[J]. 电子机械工程，1997 (1) : 60-64.
[41] 童时中. “现代模块化”和“模块化时代”模块化的回顾和展望[J]. 世界标准化与质量管理，2007 (12) : 6-9.
[42] 周晓红，林琳，仲继寿，等. 现代建筑模数理论的发展与应用[J]. 建筑学报，2012 (4) : 27-30.
[43] 芮明杰，李想. 网络状产业链构造与运行：基于模块化分工和知识创新的研究[M]. 上海：上海人民出版社，2009.
[44] BALDWIN C Y, CLARK K B. Managing in an age of modularity[J]. Managing in the modular age : architectures, networks, and organizations, 2003 (149) : 84-93.
[45] 骆品亮，潘忠. 自由软件开发的模块化理论解释与启示[J]. 中国工业经济，2004 (11) : 75-82.
[46] 侯亮，唐任仲，徐燕申. 产品模块化设计理论、技术与应用研究进展[J]. 机械工程学报，2004 (1) : 56-61.
[47] 梁丰，潘天佑，任祖华. 箱式模块化建筑设计策略：以雄安市民服务中心企业临时办公区、江西省景德镇锦荣学校为例[J]. 建筑技艺，2021，27 (2) : 12-19.
[48] 胡惠琴. 住居学的研究视角：日本住居学先驱性研究成果和方法解析[J]. 建筑学报，2008 (4) : 5-9.
[49] 张宏. 广义居住与狭义居住：居住的原点及其相关概念与住居学[J]. 建筑学报，2000 (6) : 47-49.
[50] 祖刚，仲德崑. 从住居学角度浅析小户型住宅[J]. 华中建筑，2004 (4) : 67-69.
[51] 陈喆，范润恬，吴鹏飞. 基于“开放住宅”理论的北京市高层保障性住房设计研究[J]. 建筑学报，2012 (S2) : 162-168.
[52] 张守仪.SAR 的理论和方法[J]. 建筑学报，1981 (6) : 1-10.
[53] 鲍家声. 支撑体住宅规划与设计[J]. 建筑学报，1985 (2) : 41-47.
[54] 周静敏. 装配式工业化住宅设计原理[M]. 北京：中国建筑工业出版社，2020.

[55] 丁颖. 高层新型工业化住宅设计与建造模式研究[D]. 南京：东南大学，2018.
[56] 旷泓亦. 新型城镇化下川西地区新农村建设中装配式住宅的探索[J]. 四川建筑，2015，35（4）：105-106.
[57] 孙显状，吴献，黄薪硕，等. 装配式住宅在山东省农村推广研究[J]. 土木建筑工程信息技术，2015，7（2）：101-104.
[58] 刘东卫，蒋洪彪，于磊. 中国住宅工业化发展及其技术演进[J]. 建筑学报，2012（4）：10-18.
[59] 杨海洲. 天津市装配式建筑推广影响因素研究[D]. 天津：天津大学，2018.
[60] 薛景. 人性化理念在住宅建筑设计中的应用[J]. 中国住宅设施，2020（9）：36-37.
[61] 周燕珉. 住宅精细化设计[M]. 北京：中国建筑工业出版社，2008.
[62] 郭学明. 装配式混凝土结构建筑的设计、制作与施工[M]. 北京：机械工业出版社，2017.
[63] 罗佳宁. 建筑工业化视野下的建筑构成秩序的产品化研究[D]. 南京：东南大学，2018.
[64] 于永康. 呼和浩特市装配式公租房套型模块化设计研究[D]. 呼和浩特：内蒙古工业大学，2019.
[65] 梁薇，胡惠琴. 钢结构小住宅模块化设计方法及系列套型组合规律研究[J]. 建筑学报，2014（S2）：76-81.
[66] 庄慎，唐煜，华霞虹. 柔性倍增：基于人工智能、移动机器人、智能立库的未来居住空间概念研究[J]. 华中建筑，2018，36（3）：61-65.
[67] 闫凤英. 居住行为理论研究[D]. 天津：天津大学，2005.
[68] 黄承元，周振明. 城市社会心理学[M]. 上海：同济大学出版社，1988.
[69] 杨贵庆. 城市社会心理学[M]. 上海：同济大学出版社，2000.
[70] 黄子庭. 住宅产业化发展下的住宅单元空间模块化设计研究[D]. 武汉：湖北工业大学，2018.
[71] 路德旺. 基于青年群体需求的既有住宅公寓式改造研究[D]. 邯郸：河北工程大学，2019.
[72] EGOR G，SVEN S，MARTIN D，et al. Computer-aided approach to public buildings floor plan generation. Magnetizing floor plan generator[J]. Procedia manufacturing，2020（44）:132-139.
[73] 增田奏. 住宅设计解剖书[M]. 赵可，译. 海口：南海出版公司，2013.
[74] 周燕珉，林菊英. “空间回路”在中小户型住宅中的应用[J]. 建筑学报. 2007（11）：5.
[75] 陈亦凡. 当代中国极小住宅设计手法研究[J]. 城市建筑，2017（11）：82-86.
[76] 方静. 基于工业化背景下的住宅设计与装修一体化研究[D]. 深圳：深圳大学，2018.